著作权合同登记　图字:01-2023-3809号

图书在版编目(CIP)数据

深度强化学习/(印)莫希特·塞瓦克
(Mohit Sewak)著；尹大伟,吴敏杰译. —北京：国
防工业出版社,2024.6
书名原文：Deep Reinforcement Learning
ISBN 978-7-118-13179-6

Ⅰ.①深… Ⅱ.①莫… ②尹… ③吴… Ⅲ.①机器学习 Ⅳ.①TP181

中国国家版本馆 CIP 数据核字(2024)第 065006 号

First published in English under the title
Deep Reinforcement Learning
by Mohit Sewak
Copyright © Springer Nature Singapore Pte Ltd., 2019
This edition has been translated and published under licence from
Springer Nature Singapore Pte Ltd.
本书简体中文版由 Springer 授权国防工业出版社独家出版。
版权所有,侵权必究。

※

国防工业出版社出版发行

(北京市海淀区紫竹院南路23号　邮政编码100048)
三河市天利华印刷装订有限公司印刷
新华书店经售
*
开本 710×1000　1/16　印张 11　字数 190 千字
2024 年 6 月第 1 版第 1 次印刷　印数 1—1400 册　定价 89.00 元

(本书如有印装错误,我社负责调换)

国防书店：(010)88540777　　书店传真：(010)88540776
发行业务：(010)88540717　　发行传真：(010)88540762

装备科技译著出版基金

深度强化学习
Deep Reinforcement Learning

［印度］莫希特·塞瓦克（Mohit Sewak）
尹大伟　吴敏杰　译

国防工业出版社
·北京·

前　言

随着深度学习(Deep Learning)的发展,强化学习(Reinforce Learning)也已经取得了长足的进步。近年来,两者的结合产生了一些非常强大的深度强化学习(Deep Reinforce Learning)系统、算法和智能体(Agent),并取得了令人瞩目的成绩。这些系统不仅超过了大多数经典的和基于非深度学习的智能体,同时也在一些人们认为需要由人类智力、创造力和规划能力才能完成的任务上超越人类。一些基于深度 Q 网络(DQN)的智能体在复杂游戏领域接连战胜人类选手,AlphaGo 就是很好的例子。

本书从强化学习的基础入手,以非常直观易懂的例子和实际应用来解释其中的每个概念,接着介绍一些前沿的研究及进展,这些进展使得强化学习可以超过其他(人工)智能系统。本书的目的不仅在于为读者阐释多种前沿强化学习算法背后的数学原理,而且也希望读者们能在各自的应用领域中实际运用这些算法及类似的先进深度强化学习智能体。

本书从强化学习的基本模块开始,涵盖了流行的经典动态规划(DP)方法和经典强化学习方法,如价值(Value)迭代和策略(Policy)迭代;同时也包括一些传统的强化学习算法,如时序差分(TD)学习、SARSA 和 Q 学习。在此基础之上,本书介绍了适用于现代强化学习环境和智能体的深度学习和辅助工具。本书继而开始深入研究深度强化学习的概念,并介绍相应的算法,如深度 Q 网络、双 DQN(Double DQN)、竞争 DQN(Dueling DQN)、(深度)同步演员－评论家(Actor－Critic)、(深度)异步优势演员－评论家(Asychronous Advantage Actor Critic)和深度确定性策略梯度(Deep Deterministic Policy Gradient)。在每一个介绍这些概念的理论/数学原理的章节之后都附有可用于这些智能体实现的代码。

莫希特·塞瓦克
浦那,印度

本书适合谁？

本书不仅会吸引在深度学习方面有经验的读者，他们想学习强化学习的新技能，也会吸引那些已经是强化学习或其他自动化系统实践者的读者，他们想把自己的知识和技能扩展到深度强化学习。通过结合深度学习和强化学习的概念，我们可以更接近实现"通用人工智能"的真正潜力。

除了介绍深度强化学习领域的数学概念和最新研究外，本书还涵盖了强化学习环境和智能体的算法、代码和实际执行辅助工具。本书旨在为两种类型的读者提供指导和帮助：一类是对深度强化学习最新进展感兴趣的读者；另一类是想在他们所关注的领域中采用这些先进智能体和系统的读者。

从自动驾驶汽车的应用到生产过程的动态调度和管理、核心设备的智能维护、提高公用事业管理的效率、医疗保健的自动化系统、智能金融交易和交易监控，再到帮助智能客户参与，以及减轻高吞吐量的网络威胁，本书所讲的概念可以应用于多个领域。

本书中的代码基于 Python 3。深度学习部分的代码使用了 TensorFlow 库。一些代码还用到 TensorFlow 中的高级封装 Keras 包，同时也演示了像 Keras-RL 这样的深度强化学习包的使用。希望大家能在 Python 中基本熟悉面向对象的编程概念，以便能够实现分布式和可扩展的系统。

目 录

第1章 强化学习简介：AI智能体背后的智能 ········· 1
    1.1 什么是人工智能，强化学习与它有什么关系？ ········· 1
    1.2 理解强化学习的基本设计 ········· 1
    1.3 强化学习中的奖励和确定一个合适的奖励函数所涉及的问题 ········· 2
    1.4 强化学习的状态 ········· 6
    1.5 强化学习中的智能体 ········· 12
    1.6 小结 ········· 14

第2章 强化学习的数学和算法理解：马尔可夫决策过程与解决方法 ········· 16
    2.1 马尔可夫决策过程 ········· 16
    2.2 贝尔曼方程 ········· 18
    2.3 动态规划和贝尔曼方程 ········· 19
    2.4 价值迭代和策略迭代方法 ········· 21
    2.5 小结 ········· 22

第3章 编码环境和马尔可夫决策过程的求解：编码环境、价值迭代和策略迭代算法 ········· 23
    3.1 以网格世界问题为例 ········· 23
    3.2 构建环境 ········· 24
    3.3 平台要求和代码的工程架构 ········· 27
    3.4 创建网格世界环境的代码 ········· 29
    3.5 基于价值迭代方法求解网格世界的代码 ········· 34
    3.6 基于策略迭代方法求解网格世界的代码 ········· 37
    3.7 小结 ········· 41

第4章 时序差分学习、SARSA和Q学习：几种常用的基于值逼近的强化学习方法 ········· 43
    4.1 经典DP的挑战 ········· 43

4.2 基于模型和无模型的方法 …………………………………… 44
4.3 时序差分(TD)学习 …………………………………………… 45
4.4 SARSA ………………………………………………………… 47
4.5 Q学习 …………………………………………………………… 49
4.6 决定"探索"和"利用"之间概率的算法(赌博机算法) ……… 50
4.7 小结 ……………………………………………………………… 52

第5章 Q学习编程:Q学习智能体和行为策略编程 …………… 54
5.1 工程结构与依赖项 …………………………………………… 54
5.2 代码 ……………………………………………………………… 55
5.3 训练统计图 ……………………………………………………… 62

第6章 深度学习简介 ………………………………………………… 63
6.1 人工神经元——深度学习的基石 …………………………… 63
6.2 前馈深度神经网络(DNN) …………………………………… 64
6.3 深度学习中的架构注意事项 ………………………………… 67
6.4 卷积神经网络——用于视觉深度学习 ……………………… 70
6.5 小结 ……………………………………………………………… 72

第7章 可运用的资源:训练环境和智能体实现库 ……………… 74
7.1 你并不孤单 ……………………………………………………… 74
7.2 标准化的训练环境和平台 …………………………………… 75
7.3 Agent开发与实现库 …………………………………………… 77

第8章 深度Q网络、双DQN和竞争DQN ………………………… 79
8.1 通用人工智能 …………………………………………………… 79
8.2 Google"Deep Mind"和"AlphaGo"简介 ………………… 80
8.3 DQN算法 ……………………………………………………… 81
8.4 双DQN算法 …………………………………………………… 87
8.5 竞争DQN算法 ………………………………………………… 88
8.6 小结 ……………………………………………………………… 89

第9章 双DQN的代码:用ε衰减行为策略编码双DQN ………… 91
9.1 项目结构和依赖关系 ………………………………………… 91
9.2 双DQN智能体的代码(文件:DoubleDQN.py) …………… 92
9.3 训练统计图 ……………………………………………………… 106

第 10 章　基于策略的强化学习方法：随机策略梯度与 REINFORCE 算法 …… 107

- 10.1　基于策略的方法和策略近似介绍 …… 107
- 10.2　基于价值的方法和基于策略的方法的广义区别 …… 108
- 10.3　计算策略梯度的问题 …… 111
- 10.4　REINFORCE 算法 …… 112
- 10.5　REINFORCE 算法中减少方差的方法 …… 114
- 10.6　为 REINFORCE 算法选择基线 …… 116
- 10.7　小结 …… 116

第 11 章　演员-评论家模型和 A3C：异步优势演员-评论家模型 …… 118

- 11.1　演员-评论家方法简介 …… 118
- 11.2　演员-评论家方法的概念设计 …… 119
- 11.3　演员-评论家实现的架构 …… 120
- 11.4　异步优势行动者-评论家实现（A3C）…… 124
- 11.5　（同步）优势演员-评论家实现（A2C）…… 125
- 11.6　小结 …… 127

第 12 章　A3C 的代码：编写异步优势演员-评论家代码 …… 128

- 12.1　项目结构和依赖关系 …… 128
- 12.2　代码（A3C_Master—File：a3c_master.py）…… 130
- 12.3　训练统计图 …… 144

第 13 章　确定性策略梯度和 DDPG：基于确定性策略梯度的方法 …… 146

- 13.1　确定性策略梯度（DPG）…… 146
- 13.2　深度确定性策略梯度（DDPG）…… 150
- 13.3　小结 …… 154

第 14 章　DDPG 的代码：使用高级封装的库编写 DDPG 的代码 …… 155

- 14.1　用于强化学习的高级封装的库 …… 155
- 14.2　Mountain Car Continuous（Gym）环境 …… 156
- 14.3　项目结构和依赖关系 …… 156
- 14.4　代码（文件：ddpg_continout_action.py）…… 157
- 14.5　智能体使用"MountainCarContinous-v0"环境 …… 161

参考文献 …… 162

第1章 强化学习简介：AI智能体背后的智能

摘要 在本章中，我们将讨论什么是强化学习以及它与人工智能的关系。然后，我们将尝试深入了解强化学习的基本组成，如状态、行为者、环境和奖励，并将尝试通过使用多个实例来了解每个方面的挑战，以建立直观的印象，并在进入一些高级主题之前打下坚实基础。我们将讨论智能体如何学习采取最佳行动以及学习相同行动的策略，也将学习同轨策略（On-Policy）和离轨策略（Off-Policy）方法之间的差异。

1.1 什么是人工智能，强化学习与它有什么关系？

从不同组织的市场角度来看，人工智能可能意味着很多东西，包括从传统分析到更现代的深度学习和聊天机器人等系统。但从技术上讲，人工智能（Artificial Intelligence，AI）术语的使用仅限于研究和设计"合理的（Rational）"智能体，它可以"人性化（Humanly）"地行动。在不同的人工智能研究者和作者给出的诸多定义中，称一个智能体为AI智能体的标准是，它应该拥有展示"思维过程和推理""智能行为""人类表现"和"理性"的能力。这种识别应该成为我们从真正的人工智能系统中识别市场术语和从市场炒作中识别应用程序的指导因素。

在不同的人工智能智能体中，强化学习智能体被认为是最先进的，非常有能力表现出高水平的智能和理性行为。强化学习智能体与它的环境进行互动。环境本身可以表现出多种状态。智能体对环境采取行动以改变环境的状态，从而也获得了由实现的状态和智能体的目标决定的奖励或惩罚。这个定义可能看起来很幼稚，但赋予它的概念推动了许多先进的人工智能智能体的发展，以执行非常复杂的任务，有时甚至可以在特定任务中挑战人类的表现。

1.2 理解强化学习的基本设计

图1.1表示强化学习系统的基本设计及其"学习（Learning）"和"行动（Action）"循环。此处，如上面介绍性定义中所描述，一个智能体与它所处的环境相

互作用,学习在给定状态 S_t 下采取最好的行动(图 1.1 中的 a_t)。智能体的动作反过来又将环境的状态从 S_t 变为 S_{t+1}(如图 1.1 所示),并为智能体产生奖励 r_t。随后,智能体针对新的状态 S_{t+1} 采取可能的最佳行动,从而产生奖励 r_{t+1},如此反复。在一段时间的迭代中(智能体的训练过程称为实验(Experiment)),智能体试图利用其在训练过程中获得的奖励,改进其在环境的特定状态下可以采取的"最佳行动"的决定。

因此,这里环境的作用是向智能体展示具有不同可能性的状态,这些状态存在于智能体可能需要做出反应的不同的状态,或相同状态的代表子集。为了帮助智能体学习,环境还给出了与智能体在特定状态下采取的行动决定相对应的奖励或惩罚(负奖励)。因此,奖励(Reward)是行动(Action)和状态(State)的函数,而不仅仅是行动的函数。这意味着,同一行动在不同的状态下可以(理想情况下应该)得到不同的奖励。

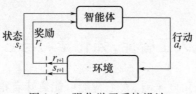

图 1.1　强化学习系统设计

1.3　强化学习中的奖励和确定一个合适的奖励函数所涉及的问题

从上述讨论中可以明显看出,智能体的作用是在给定状态下采取收获最大奖励的行动。但这并不容易,我们将在本节中明确。

1.3.1　未来奖励

在特定状态下采取正确行动的实际奖励可能不会立即实现。想象一下,在现实生活中,你可以选择现在出去玩,或者现在坐下来为即将到来的考试复习,考试结束后再去玩。现在玩可能会立即给人一种小小的肾上腺素刺激,在强化学习方面,如果我们认为这是一个积极的结果,则可以把它当作一种奖励。而现在的学习在短期内可能看起来很无聊(理论上这也可以被视为一个小的惩罚,取决于目标),但从长远来看,可能会有很好的回报,这可以被视为一个更大的奖励(对于现在采取的行动决定),但奖励只在未来实现。图 1.2 给出了这种即时和未来意义上的奖赏之间的图解。

对于这个问题,有一些成熟的解决方案,比如使用折扣系数将未来的回报折现到现在(就像在金融领域,我们将不同项目的未来回报/现金流折现到现在,以比较不同长度的项目和不同的现金流实现时间段)进行比较。我们将在本书后面讨论使用这种技术的解决方案,但现在我们的目标是强调与实现未来不同时间/阶段的不同数量的奖励之间等价的有关挑战,这些奖励可能归因于当前时间/阶段中采取的行动。

图 1.2 即时奖励与未来奖励

1.3.2 概率性/不确定奖励

强化学习的另一个复杂性是奖励的概率性或不确定性。让我们举一个同样的例子,现在学习是为了以后的奖励(好分数)。假设我们的课程有 10 章,我们知道问题只来自其中的 6 章,但我们不知道问题来自哪 6 章,也不知道所选的 6 章在考试中各占多少比重。我们还假设,在主人公可以用来玩户外游戏的 3h 时间里,她只能学习第 10 章中的任何一章。

因此,即使我们假设未来奖励获得的价值值得我们去学习而不是玩,我们也不确定我们是否会把现在的时间花在学习某一章上,而这一章可能根本没有问题。即使我们认为所选择的章节是一个重要的章节,我们也不知道这一章中问题的具体分数比重。因此,现在学习的回报会在未来实现,而且也是概率性的或不确定的。

1.3.3 将奖励归因于过去的不同行动

另一个重要的考虑是将奖励归因于过去的具体行动。继续上面的例子,假设在 10 个章节或相应的 10 个游戏时段中,我们决定主角/智能体将随机选择 6 个实例,她/它将研究 10 个章节中的任何一个(假设是随机选择的),并将在其余 4 个时段游戏。我们做出具体的选择,目的是使所有奖励的总和最大化,其中包括小的但即时的奖励和大的但未来的和概率性的奖励。

假设根据所做的选择,主角/智能体最终在考试中获得 50% 的分数。再假设在我们选择学习的 6 章中,问题只来自其中的 4 章,分数权重分别为 5%、8%、12% 和 15%,其余 50% 的问题来自我们无法准备的 4 章,因为我们决定改为去玩(是的,我们有点不走运)。假设在智能体回答的问题中(最多价值 50 分),它得到了 40 分(即总共占考试中可达到的最高 100 分的 40%)。现在,对这一奖励(40% 的分数)的归属的一个解决方案是,我们将这一奖励平均分配给智能体决定学习而不是游戏的 6 个时段中的每个时段。

另一个解决方案是,我们给每个特定时段的奖励与智能体决定在该时段学习的章节中的问题的权重一样多。

如果智能体没有在每一章中获得普遍的好成绩,那么另一个解决方案可以是用智能体在该特定时段学习的内容所获得的分数(不管问题的比重)来奖励每个时段。因此,这基本上考虑了智能体决定在该时段学习的章节的分数权重,以及它在考试中对该章节问题的表现。

然而,另一个解决方案是将当前章节中准备问题的百分比形式的得分当作给智能体的奖励。也就是说,奖励只是我们在决定学习的内容上表现的一个函数。由于哪些章节会出现在考试中,以及考试中出现的每一章的权重不是智能体所能控制的,所以这种方法可以正确地用主角所能控制的东西来奖励她。在这种方法中,奖励完全是智能体在选择科目时的表现,如果它把给定的 3h 用于学习,则它可以提供最好的结果,完全忽略了考试中取得的总分。

但是,所有这些方法中的一个问题是,我们假设不知道不同章节的问题权重分布,我们不希望智能体仅仅从这个单一的例子/实验中错误地学习权重,因为我们知道这些权重在不同的实验中可能是随机的。

因此,我们实际上是否应该把这个奖励(40% 的分数)平均分配给我们决定学习而不是去玩的所有时段? 如果是这样,我们该如何对选择特定的科目学习进行奖励如果我们学习了这些科目,可能会有更好的表现,而其他一些科目,3h 的学习可能不会增加那么多的增量价值。另一个观察是,是否有任何特定的时段,学习可能比玩耍更有成效,例如,如果我们在学习和玩耍之间交替进行,在每个学习时段之前,健康的身体是否也会积极影响我们的学习表现?

上述任何一种解决方案都可能是正确的,而所有的解决方案都可能是次优的,这取决于我们训练的目的。例如,如果训练的总体目的是在考试中获得最大的分数,那么最后一个选项似乎是正确的,但没有意义;作为替换,我们应该尝试训练一个智能体,无论章节/权重选择的不确定性如何,都能获得不错的分数。相反,如果目的是选择与主角的实力有关的正确章节,那么后面的方法可能比前面的一些方法更好。最简单的方法可能是第一个有平等归因的方法,以消除训练中的偏差。

因此,决定奖励的归属既是一门艺术,也是一门科学,它将决定智能体最终在不同场景下学会的决定。因此,应该通过考虑智能体的预期行为和目标来设计归因标准和函数。

1.3.4 确定一个好的奖励函数

现在你已经明白,奖励的归因问题并非微不足道。从领域的角度决定正确的归因是具有挑战性的,即使是奖励函数的轻微变化,也可能迫使智能体采取独特的行动,智能体可能根据我们决定如何制定奖励来决定采取不同的行动。

比较上一节中的两个例子,我们分别使用绝对分数和百分比分数作为奖励函数。在这两种情况下,哪个动作(时段/章节选择)获得奖励的归因是不变的。不同的是奖励的大小或奖励函数的表述。通过改变奖励的大小,我们可以改变智能体的行为,这一点从上面的例子可以看出。

1.3.5 处理不同类型的奖励

除了我们讨论的特定场景的归属和奖励函数外,还有一个我们至今没有观察到或讨论过的挑战。我们如何将两种不同类型的奖励等同起来?

我们只有一个数值,可以作为奖励(或惩罚,即奖励的负值)。假设即使我们正确地进行标准化/规范化,并应用所有相关的转换来正确地解决奖励的制定和归属问题,如何解释我们决定去玩而不是花那个时间研究特定章节所带来的奖励?

玩可以有一个完全不同的奖励类型。如果我们用数学来表示它,那么奖励可以有不同的单位和尺度。在所选的例子中,可能玩耍而不是学习有助于(奖励)保持我们的健康,可能帮助我们在比赛中为我们的团队获得一个好的位置,等等。那么,我们如何将我们的健康,与我们在考试中获得的分数(或错过的分数)进行比较? 简单起见,我们暂且不谈我们在那一周/一个月内打球的具体时间与我们整体健康状况的改善之间的归属细节来回答这个问题,这完全可以成为另一个研究的主题。

解决这个问题的一个办法可能是,我们在健康改善和获得的分数之间设置一个转换函数。这将是一个挑战。不仅如此,它可能很难达到一个单一的转换系统,可能是通用的,以适应不同的实例和个人的需求,我们想为他们训练这个智能体。因此,违背了训练这种强化学习系统的根本目的。另外,因为这样的转换函数在现实生活中可能在数学上非常复杂,并可能使损失函数的优化或收敛在训练中非常困难。

因此,这种将不同类型的奖励等同起来的挑战主要落在实验和以领域为重点的研究上,领域的专业知识和经验也会发挥作用。

1.3.6 奖励问题的领域方面和解决方案

虽然图1.1中给出的设计框图看起来很简单,但从本节的讨论中可以看出,将现实生活中的问题转化为强化学习的问题本身是非常具有挑战性的。

正如我们在每个挑战的结论中所讨论的那样,必须明确的是,上述挑战更多的是以领域为重点的挑战,而不是以技术为重点的挑战,这些挑战更好的解决方案可能来自各个领域的研究。

虽然在我们将要探讨的一些编程问题和例子中,读者会对如何获得一个下降的奖励函数和说明不同类型的奖励有一个合理的想法,但本书更侧重于理解与强化学习有关的技术/数学问题,制定一个良好的环境/状态和训练智能体。无论选择什么样的应用领域,这些知识和技术在构建强化学习系统上都是有用的。

如果这些技术、数学和算法方面的挑战看起来不那么令人生畏,那么下一节应该会打消一些疑虑。在本章中,我们将只是触及其他挑战的表面,在后面的一些章节中,我们将更详细地介绍每个挑战的具体解决方案和技术,以回应这些挑战。

1.4 强化学习的状态

强化学习训练期间的状态代表了环境呈现给智能体采取的行动的背景,然后对在该状态背景下采取的行动产生了奖励。这样的状态充其量不过是智能体在生产/部署中处理现实生活中的不确定性时所面临的现实世界场景的简化表示。

对于部署在现实生活场景中的强化学习智能体来说,状态是由智能体感知到的任何形式来表示。任何可能影响场景结果(在给定状态下采取的行动所获得的状态和奖励)并可以测量的东西,最好都包含在状态中。虽然可能有许多其他的因素影响过程的结果,但其中有些因素是无法测量的,甚至是无法事先知道的。在无法知道这些因素或无法在一定程度上准确地测量它们之前,我们将把所有这些因素和发生的情况称为噪声。

当从训练环境过渡到测试/验证或其他预生产环境(场景中,智能体仍然面对现实世界的环境,但其行动发生在沙盒中,不用于改变现实世界的状态,例如,在受控环境下运行的自驾车强化学习智能体,而不是在现实世界的交通中自动驾驶),数据将被收集,以不断训练智能体并为任何生产部署做好准备。有时,当训练和预生产环境之间有太大的分歧时,训练状态可能需要重新配置,并重新考虑一些过于简单的假设,以便训练期间的状态可以更好地代表现实生活的条件。随后,在验证重新发生之前,智能体要用新的状态序列和训练环境的奖励来重新学习。

有时,状态可能是由所有传感器的读数和智能体/环境可以实时访问的其他输入的堆叠矩阵组成的。但往往这些状态的表现形式可能不是训练智能体的最佳方式,这一点我们将在后面看到,此外我们还需要考虑如何从我们拥有的所有实时和历史数据中表现出输入、观察以及以前采取的行动的状态。

让我们举一些例子来了解一些状态的表述,从而也了解这些表述中的挑战。我们将从一些流行的游戏中选取例子,以便所有的读者,无论他们的领域是什么,都能与这些例子联系起来,并理解其基本原理。接下来,我们从流行的游戏中选取例子来理解状态/观察形成中的挑战,以训练各自的智能体。

1.4.1 让我们在井字棋游戏中得到三连胜

以一个简单的游戏为例,如井字棋游戏(图 1.3),我们的状态可以由一个 $[n,9]$(或 $[n,3,3]$)的简单矩阵组成,其中 n 代表事件的序列或实验。对于序列中的某个事件,事件空间将是一个长度为 $[9]$ 的数组,或者是一个 $[1,9]$ 的矩阵(或一个 $[3,3]$ 的矩阵),其中数组/矩阵的每个单元表示现实生活中井字游戏问题的一个单元,如果该单元是空的,其值是 0;如果其中有一个"x",则是 1,如果其中有一个"o",则是 2。这种简单的表示方法应该足以让智能体学会与我们想要训练的那一面("x"或"o")相对应的策略,并有足够数量的样本实验(事件(Episode))。

状态(事件(Event)空间)是 $[1,9]$ 还是 $[3,3]$ 矩阵并不重要,因为每个单元格都唯一地代表了现实生活中井字游戏的值,而且以前的事件序列也没有任何区别。重要的是矩阵的 9 个单元格中的值(0、1 或 2),我们的智能体应该能够从这个状态中学习到给定的不同行动奖励的最佳策略。这样一个智能体的输出将是与它想玩的单元的位置相对应的行动(如果它是空的)。智能体的行动将决定并导致下一个状态,这个状态与上一个状态相似,只是有一个空闲的单元格(值为 0)现在被我们的智能体接管了。如果智能体赢了,它就会得到奖励,否则,接下来的状态就会呈现给人类或对手智能体。在人类/对手的有效回合中,所产生的状态又被送回给我们的智能体进行操作,这个过程一直持续到有一个赢家或没有剩余的空闲单元可以玩。

我们用这个简单的例子只是为了让读者建立概念,我们将如何把现实生活中的场景和观察转换为数学符号和计算机科学数据结构,这对我们的智能体来说是有意义的,只要数据是详尽的,并通过我们选择的状态表述充分覆盖现实生活中的所有重要场景,智能体就可以得到良好的训练。接下来,我们将以稍微高级一点的例子来揭示状态表述中的一些挑战。

图1.3 井字棋游戏

1.4.2 让我们在推车上平衡一个杆子(CartPole问题)

这是强化学习中初学者遇到的一个典型问题,在这个问题中,有一个固定在小车上的直杆,需要平衡杆子,使其不倒。我们可以通过将小车向前移动(比如用输出+1表示)或向后移动(输出-1),或者保持静止(输出为0)来实现这一目标。在有些实现中,可以在一次转向中只向任何一个方向移动一个特定的数量(±一个常数,比如1),而在其他实现中,我们也可以调整速度(在每个单位时间步长中从+v到-v的连续范围内的一个数字),这使得它稍微复杂一些。

虽然这些变化更多的是与智能体的行动有关,但这也会影响规划的状态,从而使智能体可以采取一个充分预判的行动。离散型的一些实现也可以给出一个留在那里的选项(-1回去,0留下,+1前进),而其他的则有一个二元行动(0回去,1前进),这样就不允许有静态平衡。图1.4是一个典型的推车杆问题的例子,直杆在小车上是平衡的,小车可以在一条线上水平移动。

虽然从表面上看,这可能是一个复杂的问题,主要是因为作为人类,我们在认知上并不擅长确定保持平衡杆平衡的角度和速度,但对于智能体来说,如果我们得到正确的状态表述,这些可能并不困难。

另外,杆子的平衡可能需要很多对物理学、重力、动量和角速度的理解,需要

图 1.4 推车杆问题

反馈到系统中,但这些细节我们将留给智能体自己去学习(直接或间接),这里我们只是在观察状态时编程,并反馈到环境中。我们所观察到的只是杆子与小车的角度,它介于 $-90°$(杆子在逆时针方向上落平)和 $+90°$(杆子在顺时针方向上落平)之间,其中 $0°$ 代表一个完全居中的杆。

1.4.2.1 连续行动智能体的状态增强,以解决推车杆平衡问题

上述信息对于训练一个离散行动的智能体来说应该是足够的,因为一些速度偏差是可以接受的。但是对于一个连续行动的智能体,或者最小化速度偏差的目标,可能需要更多的信息来说明角速度的问题。在大多数情况下,系统可能没有角速度的直接输入,但正如我们所说,我们将把数学和物理学留给我们的智能体去学习,我们可以使用某种形式的简单表示,智能体可以学习这些细节。

在这个例子中,包括角速度信息的最简单的表示方法可以是在当前时间步长之前的一个单位时间内(1ms 或任何从响应性-速度偏差平衡的角度来看有意义的单位)杆的位置(如前面所述的角度)。如果这个单位时间也是我们允许智能体反应的转向间隔时间(产生速度方向建议作为行动),那么这个额外的输入正是我们之前的状态本身。请记住,在前面的例子中,我们作为输入的唯一状态是在这个前一个时间步骤中极点的角度位置(或前一个状态,如果步骤差与状态差相同)。所以基本上我们把包括角速度(除了角位置)和其他相关的复杂问题简化为只发送两个连续的状态(而不是只发送当前状态/角位置)来训练一个连续行动的智能体(而不是一个离散行动的智能体)。

正如我们在这个例子中所发现的,为了使事情简单而有效,我们可以使用现实世界的一些表征,这些表征更容易捕捉和用于制定我们的强化学习智能体的状态;而智能体在正确的模型/算法和充分的训练实验下,可能会更好地学习复杂的互动机制,间接学习影响结果的正确物理学。在这些条件下,状态可能不是我们观察/接收到的实时观察结果的直接转换(不像我们在井字游戏的例子中那样),而是可能需要一些独创性来使问题简单而有效。这种方法可能对智能体的准确性和效率也有很大影响。

现在,让我们把状态形成的复杂性提高一点,以便我们能够更好地理解这一领域的挑战。

1.4.3 让我们帮助马里奥赢得公主

1.4.3.1 与视觉有关的强化学习问题简介

到目前为止,我们已经讨论了一些例子,其中的数据是结构化的(数字),而且是直接获得的,或者是通过数字传感器感知的。但是,如果我们要将强化学习智能体运用到人类所做的工作中,那么智能体就必须能够处理我们人类所做的所有形式的输入。人类获取数据的一个主要和非常复杂的来源是我们的视觉。想象一下自驾车或自动驾驶汽车需要承担的挑战。如果我们想让智能体克服这些挑战,同时为他们自己的乘客和路上的其他人/车安全驾驶,基于数字传感器的输入可能是不够的,我们可能还需要大量的光学传感器(相机)和高处理能力的系统来实时处理来自这些光学传感器的图像,以便我们的智能体处理和采取行动。智能体本身需要非常高的计算能力和有效的模型来理解这些数据来源。

1.4.3.2 关于马里奥游戏

由于我们想保持此部分领域中立,因此我们将继续以流行游戏作为本次讨论的示例。在本节中,我们将以流行的游戏马里奥为例,我们的主人公需要在穿越许多障碍物、在隧道中跳跃、躲避或杀死许多生物、与龙战斗的同时,拯救(并赢得)公主;也可以选择为他们的婚礼庆典收集一些金币。所有这些活动在游戏中都有奖励,虽然主要的奖励是在3条命内尽可能多地过关(可以通过收集1-ups或跨越游戏中的某些分数阈值来增加),但次要的奖励是在这些活动中积累的总分数。由于游戏已经有一个评价方案,将不同的活动(如粉碎或躲避生物,在给定的时间内完成一个回合等)转换成分数/点数,所以我们在这里不为这个具体的挑战所困扰(图1.5)。

图 1.5 马里奥游戏

1.4.3.3 玩图形游戏时的视觉挑战

假设我们没有工具(API hook)来抽取游戏中的信息,例如硬币在哪里,我们面前有什么生物,距离有多远,拓扑资产是什么(比如要跳过的墙)或无处不在的障碍(沟渠),我们可能要创建一个外部计算机视觉系统,为我们从游戏中的视觉帧中提取和抽象这些信息,然后我们把这些抽象的数字信息输入我们的系统。这种方法会导致我们手动选择和训练一个系统来识别(分类)和定位我们想要提取的所需对象/信息,将提取的信息转换为结构化数据(如位置坐标)。训练算法首先从实时的图像馈送中识别(在计算机视觉中称为目标检测)它们(所有游戏和视频可以被设想为以特定帧率的特定分辨率的图像帧连续馈送),然后从这些图像帧中计算和识别它们的每个实例(称为实例分割),再将所需的对象抽象为某种结构化的格式,纳入状态表述。

这不仅是一种自欺欺人的做法,而且还有一个假设,即我们对所有对智能体学习的重要内容有最好的了解。而且,在这种方法中,为这种复杂的计算机视觉相关任务制作这种系统以及随后简化的主要工作是在智能体之外的,智能体的表现高度依赖于这些外部的决定和系统。这种方法也是次优的,因为在前面讨论过,我们希望复杂的工作由智能体来完成,希望用对我们来说简单的信息为它服务。在下一节,我们将讨论一个更好的方法来实现这些目标。

1.4.3.4 图形化游戏的状态表述实例

以前的方法是由外部智能设计的综合计算机视觉系统提取和抽象出所有对状态/智能体有重要意义的对象,这无疑是可能的,但不是最好的,主要有两个原因。

首先,我们需要大量的人力、技术和游戏中小企业的参与才能做到这一点。其次,正如我们在上两个小节中所说的,我们可以将许多复杂任务委托给智能体的智力(智能体的底层模型),并让智能体自己解读最重要的信息提取和最佳的抽象方式(例如,参考推车杆的例子,我们没有计算角速度并提供给智能体,而只是向它提供一个状态,其中包括由固定时间单位分隔的两个后续角位置)。我们只需要确保状态的表述与智能体的模型同步,这样智能体的模型就能从状态的数据中获得意义,并从状态的结构方式中自动识别和提取重要信息。

实现这一目标的一个解决方案是,我们直接将每一帧的完整图像数据作为状态嵌入。假设智能体的反应速度与游戏的帧速率同步,智能体的行动可以与游戏活动同步。智能体可以从每个游戏帧(图像帧作为状态)中学习从9个可能的行动中采取哪种行动,即向前走、向前跑、向后走、原地跳、向前跳、向后跳、躲避、躲避和跳跃、待在那里,使用一个以分类器作为输出端的模型(有9个输出类别代表这 9 个行动)来分类/选择最佳行动。但是我们已经在推车杆的前一个小节中看到,在某些情况下,顺序是很重要的。了解事件的顺序,并掌握以前的帧的知识,在这里也可以有很好的用途。

所以我们应该收集一些帧的序列(比如 10 帧),并让智能体对其采取行动。这是可行的,但应想象一下状态的大小(将是 10 的维度,帧宽、帧高、帧的颜色通道)和处理状态所需的计算负荷。到目前为止,我们甚至还没有开始了解智能体和它模型的复杂性,一旦这样做了,我们就会了解智能体所需要处理的复杂性,使它具有对这种复杂状态采取行动所需要的智能。因此,这个解决方案在技术上是可行的,但在计算上并不高效,甚至可能无法用今天普遍使用的系统来实现。

一个更好的解决方案可能包含了在视觉和序列数据的深度学习领域所取得的技术和学术进步。一些类似系统的细节我们将在本书后面介绍。为了本节的目的,我们的状态将包括游戏的一个或多个帧的卷积张量的特征。这样的卷积图序列又可以被抽象为某种形式的递归深度学习架构。反过来,智能体将配备必要的转换和算法,以理解并从这种状态的表述中汲取智慧。智能体将推荐最佳行动,该行动将被反馈给游戏控制器程序,并再次提取所产生的帧,并反馈给智能体(通过环境),以推荐下一个行动。

1.5 强化学习中的智能体

迄今为止,智能体是强化学习中最重要的部分,因为它包含了在任何特定情况下做出决定和推荐最佳行动的智能。正是为了训练智能体的基本智能,我们创建了它将面临的类似环境的表征,并制定了一种方法,以适当的状态形式为我们的智能体抽象出环境和背景。

由于智能体是如此重要,已有大量关于它学习架构和相关模型的研究。因此,我们有很多关于智能体的事情需要讨论,我们将在几个章节中逐一进行讨论。在这里,我们将尝试在高层次上给出对智能体目标的见解,同时讨论导致不同类型智能体发展的一些差异。

1.5.1 价值函数(Value Function)

智能体需要决定在面对一个特定的状态时,哪一个是它可以采取的最佳行动。智能体基本上有两种方式可以达成这一决定。第一种方式侧重于确定哪种是下一个最佳状态(可从当前状态到达),该状态是由智能体先前处于该特定状态时获得的现在和未来奖励的历史决定的。我们可以将这一逻辑扩展到类似的状态,这需要大量的学习,从而将状态转变为代表函数。但从本质上讲,在所有这些技术中,我们试图根据已经看到的状态来预测任何状态(或状态-行动组合)的"价值"(或效用),甚至是未见过的。这个价值可以是所有现在和(折扣的)未来奖励的函数,这些奖励可以归因于处于这个状态。

第二种方式,即"(状态)价值函数"用 $V_{(s)}$ 表示,其中下标 s(代表状态)表示这个 V(价值)是状态的一个函数。这样的价值函数封装了我们讨论过的不同问题,如处理未来/延迟和概率/不确定的奖励,将不同的奖励转换为一个同质的函数,与智能体将试图学习的状态联系起来。反过来,智能体的建议将受到其识别最有利可图的状态的影响,这些状态是通过采取特定行动(它将推荐的行动)从其给定的状态中可能达到的。然后,智能体推荐一个行动,该行动将过渡到已确定的最有利可图的状态,在那里,它将不得不再次决定从这个新的状态可以达到的下一个最有利可图的状态,如此循环。智能体的基本训练试图学习这个非常重要的"价值函数",它可以代表使用训练数据/实验的每个状态的最准确"价值"。

1.5.2 行动-价值/Q 函数

在上一小节中,我们讨论了"价值函数",以及智能体如何使用它来决定所处的最佳状态,然后在该决定的基础上采取适当的行动,以最大限度地提高其达到该状态的机会。但这是决定最佳行动的一个非常间接的方法。我们也可以直接做出这样的决定,确定在给定(当前)状态下可能的最佳行动。这就是用 $Q_{(s,a)}$ 表示的"行动-价值函数"的用处。由于其符号使用的是 Q 符号,同时也为了避免因提及价值函数而产生混淆,行动-价值函数也被称为"Q 函数"。请注意,"价值函数"只是状态的函数(用括号中的下标表示),而"Q 函数"则是状态 s 和行动 a 的函数。

1.5.3 探索和利用困境

我们在前几节讨论了"行动-价值函数"。为了训练这些函数的最佳值,我们可以从随机初始化值的函数或一些固定/启发式初始化函数作为默认值开始。通过对训练数据/场景/幕进行大量的实验,这个"行动-价值函数"的值会从默认值中得到改进。

如果智能体倾向于任何默认值或任何中介"行动-价值函数",它肯定可以在如此演变的"行动-价值函数"的基础上做出决定,或者换句话说,"利用(Exploit)"已经学到的信息,但它将无法通过"探索"新信息进一步改善这一功能。因此,我们需要建立一种机制,让智能体可以用来选择决策标准。基本上有两种方法可以做到这一点,即同轨策略和离轨策略方法,我们将在下一节解释。

1.5.4 策略以及同轨策略和离轨策略方法

学习机制用来确定基于当前状态应该采取的下一个最佳行动的策略被称为"策略(Policy)",用符号"π"表示。策略被表述为状态的函数"$\pi_{(s)}$",决定了在特定状态下应采取的最佳行动。这个"策略"在整个学习/训练阶段保持有效。但在实际部署过程中,我们可能会考虑不同的、更简单的策略,主要是偏向于利用,而不是在探索和利用之间取得平衡。

现在让我们采取一种方法来学习"Q 函数",即我们将计算每个行动的概率,所有行动的比例加起来为1,并根据不同行动的各自比例概率随机地挑选一个行动。在这个策略下,具有最高奖励概率的行动也有最高的被选择概率,其他行动被选择的概率较小,顺序相似。因此,我们选择的"策略"在这种方法中已经包含了探索和利用的概率性质。如果我们使用这样的方法进行学习,那么它就被称为"同轨策略"学习方法。

另一方面,我们可以想出一种学习机制,其中有一些概率,比如 $\varepsilon = 0.2$(符号 ε 读作 epsilon),我们将"探索"(结果)新的行动/决定,而不是通过当前状态下估计/预测的最佳行动。在"探索"阶段,为了简单起见,让我们假设我们现在只是随机选择行动/决策(在当前状态下所有可能的行动的概率相同)。但请记住,有许多不同的甚至更好的方法(以及因此而产生的策略)可以进行类似的"探索"。

在其余的情况下,当没有探索时[即,概率为$(1-\varepsilon) = 0.8$],我们将"探索"或采取"贪婪"的决定,以便采取具有最佳"Q 值"的行动。这个"Q 值"又是通过不同的机制/算法学习的。因此,我们使用不同的策略来"估计"或更新我们的"Q 函数",并使用不同的策略来处理智能体的"行为"。这些方法在"估计"策略中没有内置,因此需要一个单独的"行为"或策略,被称为"离轨策略"学习方法。

1.6 小结

在这一章中,我们首先给出了人工智能的定义,并确定了强化学习在这个定义中的定位。然后我们讨论了强化学习的基本设计。在强化学习中,智能体与环境互动以改变环境,并在此过程中获得奖励/惩罚。当了解了在各种状态和行动的组合中会得到什么奖励后,强化学习智能体的目标是使总奖励最大化。

然后我们讨论了为什么这个最大化总回报的任务不是那么简单。我们讨论了归因于当前行动的未来奖励的概念。我们还讨论了奖励本身可能是不确定的,或者难以正确地归因于不同的行动序列。可能很难达成一个奖励函数,将所有的奖励量化在一个共同的数字尺度上,而且奖励函数的任何变化都有可能大大改变智能体的行为。

接下来,我们讨论了状态,或者更准确地说是可观察的状态或简单的观察,这就是我们如何以数据结构的形式表示智能体在任何一步的环境状态,用它作为输入,智能体可以被训练。我们讨论了即使是非常复杂的场景,涉及领域行为和物理规律的密集互动,也可以表示为简单的数据结构,智能体可能会更好地学习这些互动,而不是我们把它们编码到观察反馈中。我们还举了一个例子,在这种情况下,我们将把整个系列的图像/视频资料作为人类看到的环境输入智能体中,使其具有意义。

我们讨论了智能体的工作。智能体的目标是通过采取与它所收到的状态相对应的不同行动,使它所收到的奖励最大化。总奖励的概念与处理奖励的所有复杂性被转换为统一的价值尺度。这个价值可以是状态的函数(V——价值函数),也可以是在特定状态下采取的行动的组合(Q——行动-价值函数)。为了学习这个函数,智能体通过探索和利用机制,分别访问新的状态/行动或更新现有状态/行动的价值。

第 2 章 强化学习的数学和算法理解：马尔可夫决策过程与解决方法

摘要 在本章中，我们将讨论贝尔曼方程（Bellman Equation）和马尔可夫决策过程（Markov Decision Process，MDP），它们是我们将进一步讨论的几乎所有方法的基础。此后，我们将讨论一些不基于模型的强化学习方法，如动态规划。在继续讨论前面的一些高级主题之前，必须了解这些概念。最后，我们将介绍用于解决 MDP 的价值迭代和策略迭代等算法。

2.1 马尔可夫决策过程

马尔可夫决策过程（MDP）是任何强化学习过程的基础，我们在上一章中简短讨论的所有内容都可以概括为 MDP。MDP 由两个术语组成，即"马尔可夫"和"决策过程"。

"马尔可夫"一词指的是"马尔可夫属性（Markov Property）"，它是"马尔可夫链（Markov Chain）"现象的基本原理，马尔可夫决策过程是其一种形式。马尔可夫属性也被称为随机（或更简单的概率/不确定）过程的"无记忆"属性。对于经历过多个状态且现在处于特定给定状态的过程，如果该过程遵循马尔可夫属性，则可能的下一个状态的条件概率分布将仅取决于当前状态，而与该过程为达到该特定当前状态所经历的状态序列无关。因此，即使有多种方式（序列）到达特定状态，无论当前进程采用哪种特定方式（序列）到达特定状态，从该特定状态开始的下一个状态的条件概率分布也保持不变。

马尔可夫链将马尔可夫属性应用于一系列随机事件。它指的是一个随机模型，它包含一系列事件，使得下一个事件的概率仅基于前一个事件所达到的状态。马尔可夫链中的事件序列可以在离散时间或连续时间发生，但由可数状态空间组成。从上一章的描述中，应该清楚我们描述的状态要么从一开始就遵循类似的模式（数据结构），要么我们以其他方式将其转换为统一的模式。记住推车杆的例子，其中需要一些长度的序列来训练我们的智能体。对于这个例子，我们在单个状态中积累了相关数量的先前位置，这样我们的状态序列本身不依赖于除当前/当前状态之外的任何其他先前状态。

第2章 强化学习的数学和算法理解:马尔可夫决策过程与解决方法

马尔可夫决策过程被定义为离散时间随机控制过程。马尔可夫决策过程将马尔可夫链属性应用于给定的决策过程。强化学习上下文中的决策过程暗示了"策略"$\pi_{(s)}$,它帮助智能体确定在特定当前状态下要采取的最佳行动或要进行的转换。马尔可夫决策过程为决策过程建模提供了数学基础,其中结果部分在我们的控制之下(受我们采取的行动决定的影响)并且部分是随机的(对应于我们在上一章中发现的估计和不确定性的挑战)。

2.1.1 马尔可夫决策过程的元组格式表示

马尔可夫决策过程定义了状态转移概率函数,即通过采取行动 a 从当前状态 s 转移到任何下一个可能状态 s' 的概率。状态转移概率函数以所采取的动作为条件。这样的概率函数表示为 $P_a(s,s')$。

遵循马尔可夫属性,给定的状态转移概率函数有条件地独立于除当前状态或动作之外的任何先前状态或动作。类似地,奖励函数 $R_a(s,s')$ 定义了从当前状态 s 达到(过渡到)状态 s' 时收到的奖励,以采取的行动为条件。在 $P_a(s,s')$ 下,从先前状态 s 达到新状态 s' 的概率由 $P_a(s,a,s')$ 给出;并且在达到新状态 s 时获得的瞬时奖励可以根据先前状态 s' 在采取行动 a 时奖励函数 $R_a(s,s')$ 计算为 $R_a(s,a,s')$。

因此,马尔可夫决策过程也可以定义为一组五个元组,包括(S、A、P_a、R_a、γ),其中 S 是当前状态;A 是采取的行动;P_a 是 $P_a(s,a,s')$ 下一个状态概率的缩写;R_a 是 $R_a(s,a,s')$ 从当前状态过渡到新状态时获得的奖励的缩写。在上一章中,我们讨论了未来的回报,并暗示将折扣的未来回报带到现在,以便与现在的回报进行公平比较;折扣系数 γ(0 和 1 之间的实数)是执行此操作的折扣因子。就折扣率 r 而言,折扣系数 γ 由 $\gamma = 1/(1+r)$ 给出。为了将前 n 步获得的奖励打折到当前步骤,未来的奖励将以 γ^n 计入当前步。

2.1.2 马尔可夫决策过程——数学对象

马尔可夫决策过程下的强化学习智能体的目标是最大化所有折扣奖励的总和。最大化所有折扣奖励的总和可能反过来需要找到可能这样做的策略。因此,马尔可夫决策过程需要与特定的策略相结合。在每个后续状态中根据(优化的)策略采取行动的以下过程被简化为马尔可夫链。

随后的行动 a_t 在(任何时间 t)任何状态 s 下采取的行动由 $\pi_{(s)}$ 表示的策略给出。使用前面讨论的符号,根据该策略,在时间 t 的折扣奖励为:

$$\gamma^t R_{a_t}(s_t, s_{t+1}) \tag{2.1a}$$

累积所有时间的奖励,该策略下的总奖励为:

$$\sum_{t=0}^{\infty} \gamma^t R_{at}(s_t, s_{t+1}) \tag{2.1b}$$

最大化这些累积奖励(目标函数)的策略 $\pi_{(s)}$ 就是我们 MDP 问题的解决方案。

2.2 贝尔曼方程

贝尔曼方程(以其研究者美国数学家理查德·贝尔曼的名字命名)给出了上一节 MDP 问题的递归解。MDP 的这种递归形式使用迭代计算机科学算法(如动态规划和线性规划)来解决 MDP,并且是许多其他变体的基础,这些变体构成了旨在训练强化学习智能体的其他算法的数学基础。贝尔曼方程给出了对价值函数和行动 - 价值/Q 函数的估计的数学解决方案。

2.2.1 估计价值函数的贝尔曼方程

2.1 节导出的 MDP 目标函数如下:

$$\sum_{t=0}^{\infty} \gamma^t R_{at}(s_t, s_{t+1}) \tag{2.2}$$

价值函数是期望值,它包括当前和折扣的未来奖励,这些奖励可以归因于处于一种状态,这种状态在数学上可以被定义为:

$$V_\pi(s) = \mathbb{E}_\pi[R_t \mid_{s_t = s}] \tag{2.3}$$

"$\mathbb{E}$"符号表示随机函数的期望值,"|"是条件运算符。因此,对于给定状态"s",假设其为时间 $t(s_t) = s$ 的状态,在给定策略"π"下的价值函数由时间 $t(R_t)$ 的所有奖励的期望给出。

根据 MDP 部分中关于 $P_a(s, s')$ 和 $R_a(s, s')$ 的讨论,这些也可以用随机符号表示如下:

$$P_{a(s,a,s')} = \mathbb{P}(s_{t+1} = s \mid_{s_t = s, a_t = a}) \tag{2.4}$$

$$R_{a(s,a,s')} = \mathbb{E}[r_{t+1} \mid_{s_t = s, s_{t+1} = s', a_t = a}] \tag{2.5}$$

其陈述了与我们之前讨论的相同的类似思想,即,状态转移概率 $P_a(s, s')$ 是在时间 t 采取动作"a"时从状态 - s(从前一时间步 t)到达状态 - s'(在时间步 $t+1$)的概率。

类似地,$R_a(s, s')$ 是当通过在时间步 t 采取行动 a 以实现从时间步 t 的状态 s 转变到时间步 $t+1$ 的状态 s' 时,在时间 $t+1$ 接收的奖励 r 的期望。

结合式(2.2)和式(2.3),并使用式(2.4)中的 P_a 和 R_a 的表达式,以及式(2.5),我们得到:

$$V_\pi(s) = \mathbb{E}_\pi \left[\sum_{i=0}^{\infty} \gamma^i R_{a(t+i)} \mathbb{P}_{(s_{t+i}, s_{t+i+1})} \right] \tag{2.6}$$

我们可以递归地做同样的事情，而不是从 $i=[0,\infty]$ 求和，这样我们只需要当前的奖励，并向其中添加下一个状态的折扣（按单个时间步折扣）"价值"（而不仅仅是奖励）。根据马尔可夫性质，该表达式将等价于来自直到无穷大的所有后续时间步的折扣奖励。式(2.6)可以用递归形式改写为：

$$V_\pi(s) = \mathbb{E}_\pi\left[R_{t+1} + \gamma \sum_{i=0}^{\infty} R_{a(t+i+1)} \mathbb{P}_{(s_{t+i+1},s_{t+i+2})}\right] \quad (2.7)$$

$$V_\pi(s) = \mathbb{E}_\pi[R_{t+1} + \gamma V_\pi(s')] \quad (2.8)$$

正如我们通过观察这些表达式中的子符号会注意到的那样，所有这些方程在给定策略下都是有效的。策略的作用是给出采取不同可能行动的概率分布，这些行动会导致不同的可能状态。因此，我们可以将该策略下达到不同状态的概率作为权重，并将其乘以这些状态的结果，以进一步简化该方程，作为我们所拥有的不同可能性的加权总和：

$$V_\pi(s) = \sum_a \pi(s,a) \sum_{s'} \mathbb{P}_{sas'}(R_{sas'} + \gamma V_{\pi(s')}) \quad (2.9)$$

2.2.2 估计行动-价值/Q函数的贝尔曼方程

为了估计行动-价值（Q函数），我们首先想要估计当智能体处于特定状态时任何给定行动的价值，与式(2.9)中根据行动的概率计算行动的加权和来实现对价值函数的估计不同。在这里，我们希望对通过采取特定行动可以达到所有状态求和，由于Q函数是在特定行动上参数化的，因此在这种情况下，除了智能体所处的当前状态之外，行动也是固定的。

我们还需要考虑，通过采取特定的动作，我们可能会随机地达到不同的状态，并且这种转变可能伴随着与之相关的不同的累积回报（价值）。因此，我们对价值函数式(2.8)和式(2.9)稍做改变，以使其适应如下所示的行动-价值/Q函数（同时注意下标的变化）：

$$Q_\pi(s,a) = \sum_{s'} \pi_{(s,s')}\left[R_{sas'} + \gamma E_\pi\left[\sum_{i=0}^{\infty}\gamma^i r_{t+k+2}\Big|_{s_{t+1}=s'}\right]\right] \quad (2.10)$$

这个等式指给定行动的行动-价值/Q值是当智能体处于给定状态时，采取特定行动可以达到的每个状态的预期折扣奖励的加权总和，其权重是所采取的指定行动对应的给定当前状态达到新状态的概率。

2.3 动态规划和贝尔曼方程

2.3.1 关于动态规划

与线性规划一样，动态规划是一种通过将复杂问题分解为更小的子问题进行解决的方法。但与线性规划不同,动态规划是一种自底向上的方法,即首先求解最小或最简单的子问题,然后迭代使用较小问题的解来求解较大问题,直到子问题的解递归组合,进而导出初始复杂/问题作为一个整体的解。

如果解决较小的子问题的"方法"也是解决较大的子问题的好"方法",那么我们可以说问题分解的方式构成了"最优子结构"(给定的问题可以是分解成可以递归解决的更小的问题),并且具有"重叠子问题"(较小的子问题的解决方法也适用于较大的子问题,等等),这是动态规划在给定问题上应用的可行性。

让我们试着用一个例子来理解这一点。假设我们正在尝试制作一个类似于"谷歌地图"的应用程序,其中我们希望找到输入的源和目的地位置/坐标之间的最佳/最短路径。这是一个复杂的问题,因为在源和目的地之间可能有许多路径。但是想象一下,如果我们可以将这个问题分解为两个类似的子问题,第一个子问题是找到源位置/坐标和某个中间位置/坐标之间的最佳/最短路径,第二个子问题是找到目标位置/坐标和所选中间位置/坐标系之间的最佳/最短路径。在这种情况下,我们需要解决两个"相似"的子问题(最优子结构属性),即找到源和中介之间的最佳路径以及目的地和中介之间的最佳路径,然后将这两个子问题的解组合起来,以获得原始复杂问题的解。

这两个子问题可以类似的方式进一步分解,即对于每个子问题,我们将再次在每个子问题中找到中介,直到这样获得的子问题不能进一步分解(即当我们在两个位置之间只剩下一条直线路径,而在它们之间没有可能的中介位置时,在这种情况下,这两个位置之间的最佳路径的解决方案将是它们之间唯一的直接路径),其解决方案很简单,即直接路径。因此,如果我们解决较低、最小、最简单的问题,则较高级别的问题只需通过组合这些子问题的解决方案即可解决,这表明该问题属于"重叠子问题"。

2.3.2 应用动态规划求解贝尔曼方程的最优化问题

贝尔曼方程将马尔可夫决策过程(MDP)带入一个合适的结构,使得它满足应用动态规划求解 MDP 的先决条件(即,它满足最优子结构和重叠子问题的条件)。

需要对式(2.9)进行优化,以找到最佳/最优价值函数,即,我们需要找到当智能体处于给定状态时的最优行动,以最大化该状态的价值(或处于该状态的效用)。该问题被分解为一种形式,即状态的值不直接依赖于任何未来的奖励,除了当前奖励的值(这很容易知道,因为是即时接收的,因此也是确定的),以及在当前优化步骤时估计/计算的下一个状态的值。通过知道下一个状态的值,可以类似地找到下一个状态的值,以此类推。

因此,式(2.9)给出了"最优子结构",由于所有这些问题都是相似的并且有重叠的解,因此也满足"重叠子问题"性质。因此,使用贝尔曼方程形成的 MDP 是使用动态规划求解的良好选项。

2.4 价值迭代和策略迭代方法

有两种广义的方法可用于使用贝尔曼方程求解 MDP,即价值迭代和策略迭代方法。这两种方法本质上都是迭代的,并且理论上可以使用动态规划来实现。但是,使用动态规划的高计算负载和其他一些缺点导致将所有问题转换为使用动态规划解决可能是不实际的,这部分内容将在后续讨论。

在简要讨论这两种方法之前,我们将介绍来自贝尔曼方程的另外两种变体,它们被称为"最优价值函数的贝尔曼方程"和"最优策略的贝尔曼方程",后者是这些方法的数学基础。

2.4.1 最优价值函数和最优策略的贝尔曼方程

"最优价值函数"的贝尔曼方程由式(2.11)给出,其"最优值"由式(2.12)给出:

$$V_\pi(s) = R_s + \max_a \gamma \sum_{s'} \mathbb{P}_{sas'} V_{\pi(s')} \tag{2.11}$$

$$\pi(s) = \mathop{\mathrm{argmax}}_a \sum_{s'} \mathbb{P}_{sas'} V_{\pi(s')} \tag{2.12}$$

可以很容易地观察到,式(2.11)是从式(2.9)导出的,并且本质上是迭代的,在每一个迭代步中,我们更新价值函数,以更新价值函数中的任何变化,直到其收敛(连续迭代步更新之间的差异低于指定的阈值)。在每次迭代中,状态的更新值是当前奖励和任何下一状态的最大折扣奖励值的加权总和,其权重为达到该最大折扣值对应状态的概率。

式(2.12)是式(2.11)的进一步扩展,用于策略优化。最优策略是当智能体处于当前状态时推荐一个行动,使得它通过采取该行动而最大化当前状态的价值。这是因为根据式(2.11)状态的价值取决于给定状态可能出现的下一个状态的最大价值。

式(2.12)中的 argmax 参数选择使底层函数最大化的行动,在这种情况下,它是该行动可以达到的下一个状态的值,由通过采取该行动达到那个状态的概率来加权。

2.4.2 价值迭代及同步和异步更新模式

"价值迭代"方法用于离散状态-行动空间,不适用于连续行动空间。即使在离散状态-行动空间中,当行动空间较大时,由于计算效率较低,也不建议使用这种方法。

在"价值迭代"方法中,我们首先使用一些默认值来初始化价值函数,这些默认值可以是全 0 或任何其他值。然后使用"价值函数的贝尔曼方程",即式(2.11),我们在每次迭代/实验中更新价值函数。更新价值函数有两种模式,即同步模式和异步模式。

在同步模式中,仅在迭代结束时进行更新,然后同时更新所有状态的值,而在异步模式中,在观察到变化时对立更新各个状态的值。

在价值函数收敛后(价值函数的变化低于特定阈值),使用贝尔曼最优性方程式(2.12)估计最优策略。

2.4.3　策略迭代和策略评估

在"策略迭代"方法中,顾名思义,我们逐步迭代策略函数而不是像价值迭代方法中的价值函数迭代。我们首先随机或使用合适的默认值初始化我们的策略(为离散行动空间分配采取不同行动的概率)。

在初始化策略之后,我们通过以下步骤进行迭代,直到给定的策略收敛(每次迭代的概率变化低于特定阈值)。每次迭代的第一步是"策略评估",其中我们使用价值函数的贝尔曼方程(式(2.11))来估计价值函数,然后我们使用最优策略的贝尔曼方程迭代策略(式(2.12))。

策略评估步骤在计算上非常复杂,并且随着状态空间的增长,复杂性也在增长(记住,在价值迭代的情况下,复杂性更多取决于行动空间)。因此,策略迭代方法主要用于具有较小且以离散状态为主的空间的 MDP 问题。但是,由于智能体实际上是在尝试制定策略,并且由于价值迭代被证明是一种改进策略的间接方法,因此有时策略迭代可能比价值迭代更能提供较快或较好的收敛性。

2.5　小结

本章涵盖了强化学习非常重要的数学背景知识。我们讨论了马尔可夫决策过程,它是任何强化学习过程的基础,然后将强化学习目标转化为数学优化方程。由于系统潜在的复杂性,我们需要更好地优化该目标函数。我们介绍了动态规划,并说明了贝尔曼方程如何理想地适合于通过动态规划求解。

然后,我们讨论了贝尔曼方程的两个公式,即"策略迭代的贝尔曼方程"和"价值迭代的贝尔曼方程",以使用两种方法中的任何一种来求解 MDP,这取决于哪种方法更适合于特定场景。

第3章　编码环境和马尔可夫决策过程的求解：编码环境、价值迭代和策略迭代算法

摘要　在本章中，我们将学习环境编码最关键的技能之一，以供任何强化学习智能体进行训练。我们将为网格世界问题创建一个环境，使其与 OpenAI Gym 的环境兼容，以便大多数开箱即用的智能体也可以在我们的环境中工作。接下来，我们将在代码中实现价值迭代和策略迭代算法，并使它们与我们的环境一起工作。

3.1　以网格世界问题为例

在本章中，我们打算使用动态规划来解决 MDP 问题。我们将采用易于理解的网格世界问题来说明该问题，并编写其解决方案。在本节中，我们将简要描述该问题。

3.1.1　了解网格世界

该游戏/MDP 的目标是在导航网格世界时累积最大可能的点数，如图 3.1 所示。比如我们在到达终止状态（图 3.1 网格世界中编号为 64 的状态）时获得 +100 的奖励，反之，我们每轮得到 −1 的奖励（惩罚表示为负奖励）。

如果没有这个惩罚，智能体可能永远不会到达终止状态，或者可能很晚才到达终止状态，因为在这种情况下，总奖励将保持在非终端状态之间，这甚至可能导致智能体在一些间歇状态之间"卡住"，直到回合数变为无穷大。

另一种强制收敛的方法是限制允许的总回合数。对于此示例，我们将使用前面的方法，并对智能体进行的每个回合使用 −1 的惩罚。

此外，为了使问题更有趣，我们在网格中引入了一些沟渠。如果智能体碰巧到达有沟渠的网格，则将累积 −10 的惩罚/负奖励。

3.1.2　网格世界中允许的状态转换

在前面章节的多处上下文中，我们使用了关于变换的声明，其中提到了"给定状态可能的状态/行动"。这是因为并非所有状态都可以从给定状态直接访

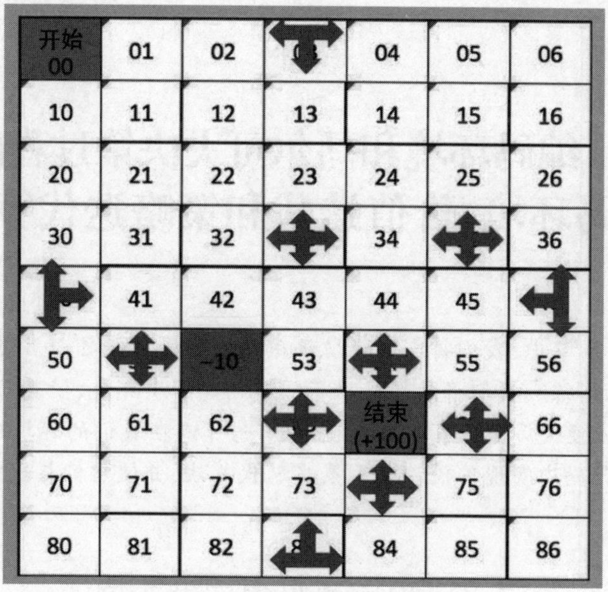

图 3.1 网格世界示例说明

问。在数学形式中,这可以表示为从给定状态访问的所有状态的非零状态转移概率。在本例中,我们将采用不同的方法来实现这一点。

在网格世界的示例中,来自给定状态/单元的智能体只能在给定轮次中从特定单元移动到网格内的相邻非对角单元。从给定的状态开始,智能体可以在 4 个方向上移动:上(U)、下(D)、左(L)、右(R)。如果在执行这些操作时存在有效状态,则该状态将转换为该有效状态,否则将保持不变。例如,如果智能体处于状态 53 并且它采取向左移动/(L)的动作,则它将到达状态 52,并且对于到达沟渠获得 -10 的惩罚,对于所使用的转弯获得另一个 -1 的惩罚。而如果智能体处于状态 50 并且决定向左移动(L),则这被认为是无效状态(当它离开网格时),因此智能体的新状态与前一状态相同,即 50,并且对于所使用的转弯接收 -1 的惩罚。

3.2 构建环境

环境的作用是向智能体呈现状态和提供相关的响应以满足智能体的训练。有许多项目提供了我们可以继承的环境类。我们也可以选择从头构建自己的环境类,或者通过扩展不同库中的一些流行环境类来构建自己的环境类。

对于我们可以使用的一些用例,也有现成的环境。OpenAI Gym 是一个非常流行的平台,它提供了许多不同类型的环境来构建智能体。这些环境除了具有专门的功能和方法外,还公开了一些与许多智能体兼容的标准化方法(我们将在本章后面详细讨论)。如果环境与智能体兼容,那么我们可以简单地从环境类中创建一个对象,并将其作为参数传递给智能体。

我们可以针对这些环境测试我们的智能体,并针对它们生成参考分数。由于这些是标准化环境,智能体在使用这些环境时得分(累积奖励)的结果也可以与社区(研究人员/开发人员)的类似工作/智能体进行比较。

3.2.1 继承环境类或构建自定义环境类

通常,构建强化学习智能体的目的是在现实生活中部署它,以便在现实生活场景/环境中采取行动,这也是本书重点向读者灌输的一项技能。有了这个动机,我们不想仅仅依赖于使用"OpenAI Gym"或其他类似项目提供的默认环境。

"Keras-RL"是另一个用于训练强化学习智能体的流行项目,它也提供了类似的环境,并且其环境也与OpenAI Gym 的环境类兼容。

在后面的章节中,当我们专注于构建深度强化智能体时,我们将需要一个标准化的环境来测试我们的智能体,并将其性能与一些社区工作进行比较,这时我们可以利用这些现有环境。然而,在本章中,我们希望使我们的用户能够知道如何创建他们自己的环境类,以便他们可以轻松地构建一个独特的环境,该环境非常接近于他们各自领域的真实场景,并且可以对强化学习智能体提出现实的挑战,以便经过训练的智能体在其各自领域中的性能更接近预期。

话虽如此,我们可以使用两个选项来构建自定义环境。第一种是从头开始构建一个自定义环境,即构建一个 Python 类,它只继承 Python 2 的对象类,而不继承 Python 3 的类(在 Python 2 中,所有基类都继承对象类)。

第二种是我们从一些提供标准基本环境类的项目中继承一个标准基本环境类,然后对其进行定制以实现所需的功能。这一选择不仅比前一选择更容易实施,而且还具有一些固有的优势。在实施实际项目时,我们通常希望利用给定库/项目中的基本智能体,并根据我们的特定高级需求对其进行进一步定制。来自公共强化学习库的大多数默认智能体与来自一些特定库的特定标准化环境类以及继承支持的环境类的一些其他自定义环境类兼容。例如,Keras-RL 环境类扩展了 OpenAI Gym 的环境类,因此 Keras-RL 库中的强化学习智能体与 Keras-RL 环境类对象和 OpenAI Gym 环境类对象都兼容。因此,遵循这条更简单的路线,使用所需的功能和增强来扩展标准化环境类,以实现自定义环境可能是一个好主意。

在本章中,我们不采用后一种更简单的方法,而是将重点放在使读者能够详细了解环境类上,使用前一种方法。接下来,在讨论实际代码之前,我们将讨论一些基本方法(通用模式),这些方法将帮助用户理解一些重要的决策标准。

3.2.2 构建我们自定义环境类的秘诀

无论是继承一个基本环境类,还是从头开始构建一个基本环境类,都有一些方法(模式),如果遵循这些方法(模式),就可以更容易地构建与我们的环境无缝衔接的智能体。此外,我们通常可以使用其他库/包提供的一些默认智能体来处理我们的环境,比从头开始构建自定义智能体的代码要少得多。

构建与许多标准库兼容的自定义环境的基本先决条件相当简单。我们最少只需要实现两个函数,并指定所需的输入和输出格式。

这两个函数是"step"和"reset"方法/函数,将在下面解释。类函数也称为方法,这是我们在引用环境类的函数时所遵循的术语,以避免混淆对任何独立函数的引用。除了这两种方法之外,我们还可以自由地编写许多附加功能,以增加我们环境的通用性和适用性,以用于不同的智能体和我们可能想要使用它的不同目的。这里,在本章后面说明的示例中,我们已经将"step"函数的内容分离为单独的离散公共函数,这些函数也用于训练我们的智能体。这样做也是为了说明一些高级概念。此外,在我们的实现中还有其他方法/函数来增强智能体的多功能性,并增强代码的可理解性和易调试性。

3.2.2.1 Step( )方法

为了训练强化学习智能体,我们需要一种机制来向它呈现一个状态。然后,智能体对该状态采取可能的最佳动作(根据其当前学习);随后,我们需要一种机制来给予智能体与该行动相对应的奖励/惩罚,并改变由于该行动而生成的状态。这个新状态再次被提供给智能体,以决定下一个行动。

在这个序列中,环境传递的基本反应是新的状态,并通过采取给定的行动(在当前状态下)来奖励。为此,环境需要一个接受行动的方法(如智能体针对当前状态所建议的)。如果当前状态是由某个其他方法生成的,或者可以在该方法之外被更改,使得该方法可能缺少当前状态的完整信息,则该方法的定制实现也可能需要当前状态。

接收上述输入的 step 方法处理它们,以返回格式为(observation, reward, done, info)元组。该元组元素的简要描述如下,元素名称后面是元素的数据类型(在括号中)。

1) observation(object)

该变量构成了(新的/下一个)状态,该状态在智能体执行特定操作时从环境返回(在 step( )方法的输入中发送)。这种状态可以在环境中以最好的方式进行观察。第1章提供了这些状态的一些例子。观察类的 Python 数据类型继承对象类。

2) Reward(float)

这是智能体在采取行动(输入)时达到特定新状态所获得的即时奖励。奖励的数据类型为float。这只是即时奖励。如果对累积奖励感兴趣,则需要在此方法/环境对象之外单独维护。

3) Done(boolean)

这是一个布尔标志,在处理事件(episode)的环境中非常重要。事件是一系列有开始和结束的实验/回合。例如,在我们的网格世界示例中,当到达终止状态时,游戏"结束",并且在到达这样的状态时,元素"done"的返回值将是"true"。当下一个事件开始时,"done"元素的值将再次重置为"false"。当环境被"重置"时,将触发新事件的开始,我们将在下一小节中讨论 reset( ) 方法。"done"元素的值将保持为"false",直到该事件完成。如果环境处于完成状态(即,done 的值为 true),则阶跃函数将不工作,直到环境被重置,因为下一步在已完成的事件中是不可行的。

4) Info(dict)

这是一个可选参数,用于共享调试所需的信息,但也可以在自定义实现中用于其他目的。这是一个字典(Python dict),必须包含所发送信息的键 - 值对。例如,我们还可以发送状态概率,以指示为什么特定状态会被选择,或者关于奖励计算的一些提示。通常在智能体代码中,它可能不是必需的,因此接收一个"_"变量,这意味着它的值不存储在任何可调用变量中。

3.2.2.2 Reset( )方法

无论何时第一次实例化环境,或者无论何时开始新的事件,都需要重置环境的状态。

reset 函数不接收任何参数,并返回与新事件的开始相对应的观察/状态。根据特定的环境,需要为新事件的开始而重置/实例化的其他内部变量也会在此函数中重置。

3.3 平台要求和代码的工程架构

对于此代码示例,我们使用 Python 3.X(准确地说是 3.6.5),并以 Python 3.X 格式编写类。在本书中,每当我们提到 Python 时,我们指的是 Python 的 CPython 版本(它使用 C 编译器)。除了 CPython 之外,还有许多其他 Python 版本,如 Jython、PyPython、IronPython 等,但最常用的还是 CPython。我们将在本章中使用的唯一 Python 库是"NumPy"。除了"NumPy"之外,此代码对任何其他 Python 或外部库都没有依赖关系。如果读者使用的是 Python 发行版,如 Anaconda(或 MiniConda),则"NumPy"依赖项将捆绑在发行版中,否则可以在其系统中使用终端/shell/cmd 命令"pip install numpy"进行安装(需要互联网连接)。

在后面的一些项目中,我们还会使用其他第三方库,需要下载/安装一些额外的依赖项。但就本章的目的而言,由于我们打算从头开始编写所有内容,因此没有任何其他依赖关系。如果读者更适应 Python 2.X,则我们欢迎并鼓励他们修改代码以适应 Python 2.X 发行版。

作为一个好的编程实践,我们将为环境使用单独的 Python 包。包可以导入到任何其他 Python 项目中(假设没有依赖不兼容性/冲突),因此使用这种方法,也可以在许多其他项目中使用这种环境。用来构建这个环境的包名为"envs",位于 Python 项目的一个子文件夹中。

在名为"envs"的文件夹中有一个名为"__init__.py"的空白 Python 文件。在一个文件夹中创建"__init__.py",以告诉 Python 这是一个子模块根文件夹。每当解释器遇到试图从"envs"(子模块的名称与文件夹的名称相同)模块导入任何内容的导入语句时,就会知道它应该按顺序在该文件夹中查找导入语句中的后续项。目录架构如图 3.2 所示。

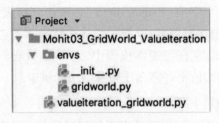

图 3.2 工程文件目录架构

我们会努力将项目中的所有不同环境放在其专用的 Python 类中,并且我们最好将它们放在其专用的".py"文件中。智能体位于基本项目文件夹中,并在专用的".py"文件"自己的类"中实现。每个类文件都有一个"if __name__ == '__main__'代码片段",其中包含用于调试/测试各个类的代码,并且只有当特定的".py"文件作为主文件运行时才会被调用。例如,求解器的".py"文件从 env 的".py"文件导入环境并使用其内容,则写在"if __name__…"下面的测试代码不调用 env 的".py"文件的部分。

接下来,我们将列出环境的代码,这对于两种解决方案实现都是通用的。之后,我们将介绍两种方法,即价值迭代和策略迭代,它们将使用该环境来解决网格世界。

我们鼓励读者浏览代码和类的结构,并在阅读解释之前,尝试自己推理出每个实例变量和方法的用途。在看到实际的调用序列之前,按照上一章给出的价值迭代和策略迭代方法的解释来考虑调用序列也是一个很好的练习。

3.4　创建网格世界环境的代码

代码位于主工程文件夹(/sub-module)"envs"文件夹下名为"gridworld.py"的文件中。

```
"""Grid World Environment
Custom Environment for the GridWorld Problem as in the book Deep Rein-
forcement Learning, Chapter 2.

Runtime: Python 3.6.5
Dependencies: None
DocStrings: NumpyStyle

Author: Mohit Sewak (p20150023@goa-bits-pilani.ac.in)
"""

class GridWorldEnv():
    """Grid-World Environment Class
    """
    def __init__(self, gridsize=7, startState='00', terminalStates=
        ['64'], ditches=['52'], ditchPenalty=-10, turnPenalty=-1, winRe-
        ward=100, mode='prod'):
        """Initialize an instance of Grid-World environment

        Parameters
        ----------
        gridsize: int
            The size of the (square) grid n x n.
        startState: str
            The entry point for the game in terms of coordinates as string.
        terminalStates: str
            The goal/terminal state for the game in terms of coordinates as
            string.
        ditches: list(str)
            A list of ditches/penalty-spots. Each element coded as str of
            coordinates.
        ditchPenalty: int
            A Negative Reward for arriving at any of the ditch cell as in
            ditches parameter.
        turnPenalty: int
            A Negative Reward for every turn to ensure that agent completes
            the episode in minimum number of turns.
        winReward: int
            A Negative Reward for reaching the goal/terminal state.
        mode: str
```

```
        Mode (prod/debug) indicating the run mode. Effects the information/
        verbosity of messages.
    Examples
    --------
    env = GridWorldEnv (mode='debug')
    """
    self.mode = mode
    self.gridsize = min (gridsize, 9)
    self.create_statespace ()
    self.actionspace = [0, 1, 2, 3]
    self.actionDict = {0: 'UP', 1: 'DOWN', 2: 'LEFT', 3: 'RIGHT'}
    self.startState = startState
    self.terminalStates = terminalStates
    self.ditches = ditches
    self.winReward = winReward
    self.ditchPenalty = ditchPenalty
    self.turnPenalty = turnPenalty
    self.stateCount = self.get_statespace_len ()
    self.actionCount = self.get_actionspace_len ()
    self.stateDict = {k: v for k, v in zip (self.statespace, range (self.
    stateCount))}
    self.currentState = self.startState

    if self.mode == 'debug':
        print ("State Space", self.statespace)
        print ("State Dict", self.stateDict)
        print ("Action Space", self.actionspace)
        print ("Action Dict", self.actionDict)
        print ("Start State", self.startState)
        print ("Termninal States", self.terminalStates)
        print ("Ditches", self.ditches)
        print ("WinReward: {}, TurnPenalty: {}, DitchPenalty: {}"
            .format (self.winReward, self.turnPenalty, self.ditchPenalty)
        )

def create_statespace (self):
    """Create Statespace
    Makes the grid worl space with as many grid-cells as requested
    during instantiation gridsize parameter.
    """
    self.statespace = []
    for row in range (self.gridsize):
        for col in range (self.gridsize):
            self.statespace.append (str (row) +str (col))

def set_mode (self, mode):
```

```python
    self.mode = mode
def get_statespace(self):
    return self.statespace

def get_actionspace(self):
    return self.actionspace

def get_actiondict(self):
    return self.actionDict

def get_statespace_len(self):
    return len(self.statespace)

def get_actionspace_len(self):
    return len(self.actionspace)
def next_state(self, current_state, action):
    """Next State
    Determines the next state, given the current state and action as
    per the game rule.

    Parameters
    ----------
    current_state: (int, int)
        A tuple of current state coordinate
    action: int
        Action index

    Returns
    -------
    str
        New state coded as str of coordinates
    """
    s_row = int(current_state[0])
    s_col = int(current_state[1])
    next_row = s_row
    next_col = s_col
    if action == 0: next_row = max(0, s_row-1)
    if action == 1: next_row = min(self.gridsize-1, s_row+1)
    if action == 2: next_col = max(0, s_col-1)
    if action == 3: next_col = min(self.gridsize-1, s_col+1)

    new_state = str(next_row)+str(next_col)
    if new_state in self.statespace:
        if new_state in self.terminalStates: self.isGameEnd = True
        if self.mode=='debug':
            print("CurrentState: {}, Action: {}, NextState: {}"
                .format(current_state, action, new_state))
    return new_state
```

```python
    else:
        return current_state

def compute_reward(self, state):
    """Compute Reward
    Computes the reward for arriving at a given state based on
    ditches, and goals as requested during instatiations.

    Parameters
    ----------
    state: str
        Current state in coordinates coded as single str

    Returns
    -------
    float
        reward corresponding to the entered state
    """
    reward = 0
    reward += self.turnPenalty
    if state in self.ditches: reward += self.ditchPenalty
    if state in self.terminalStates: reward += self.winReward
    return reward

def reset(self):
    """ reset

        Resets the environment. Required in gym standard format.

    Returns
    -------
    str
        A string representing the reset state, i.e. the entry point for
        the agent at start of game.

    Examples
    --------
    env.reset()
    """
    self.isGameEnd = False
    self.totalAccumulatedReward = 0
    self.totalTurns = 0
    self.currentState = self.startState
    return self.currentState

def step(self, action):
    """step

        Takes a step corresponding to the action suggested. Required in
        gym standard format.
```

```
Parameters
----------
action: int
    Index of the action taken

Returns
-------
tuple
    A tuple of (next_state, instantaneous_reward, done_flag, info)

Examples
--------
observation_tuple = env.step(1)
next_state, reward, done, _ = env.step(2)

"""
if self.isGameEnd:
    raise ('Game is Over Exception')
if action not in self.actionspace:
    raise ('Invalid Action Exception')
self.currentState = self.next_state(self.currentState, action)
obs = self.currentState
reward = self.compute_reward(obs)
done = self.isGameEnd
self.totalTurns += 1
if self.mode == 'debug':
    print("Obs: {}, Reward: {}, Done: {}, TotalTurns: {}"
        .format(obs, reward, done, self.totalTurns))
return obs, reward, done, self.totalTurns

if __name__ == '__main__':
    """ Main function
    Main function to test the code and show an example.
    """
    env = GridWorldEnv(mode='debug')
    print("Reseting Env...")
    env.reset()
    print("Go DOWN...")
    env.step(1)
    print("Go RIGHT...")
    env.step(3)
    print("Go LEFT...")
    env.step(2)
    print("Go UP...")
    env.step(0)
    print("Invalid ACTION...")
    # env.step(4)
```

3.5 基于价值迭代方法求解网格世界的代码

代码位于主工程文件夹下名为"ValueIteration_GridWorld.py"的文件中。

```python
"""Value Iteration Algorithm
Code to demonstrate the Value Iteration method for solving Grid World

Runtime: Python 3.6.5
Dependencies: numpy
DocStrings: NumpyStyle

Author: Mohit Sewak (p20150023@goa-bits-pilani.ac.in)
"""

from envs.gridworld import GridWorldEnv
import numpy as np

class ValueIteration:
    """The Value Iteration Algorithm
    """
    def __init__(self, env=GridWorldEnv(), discountingFactor=0.9,
                 convergenceThreshold=1e-4, iterationThreshold=1000,
                 mode='prod'):
        """Initialize the ValueIteration Class

        Parameters
        ----------
        env: (object)
            An instance of environment type
        discountingFactor: float
            The discounting factor for future rewards
        convergenceThreshold: float
            Threshold value for determining convergence
        iterationThreshold: int
            The maximum number of iteration to check for convergence
        mode: str
            Mode (prod/debug) indicating the run mode. Effects the informa-
            tion/ verbosity of messages.

        Examples
        --------
        valueIteration = ValueIteration(env=GridWorldEnv(),mode='debug')
        """
        self.env = env
        self.gamma = discountingFactor
        self.th = convergenceThreshold
        self.maxIter = iterationThreshold
```

```python
        self.stateCount = self.env.get_statespace_len()
        self.actionCount = self.env.get_actionspace_len()
        self.uniformActionProbability = 1.0/self.actionCount
        self.stateDict = self.env.stateDict
        self.actionDict = self.env.actionDict
        self.mode = mode
        self.stateCount = self.env.get_statespace_len()
        self.V = np.zeros(self.stateCount)
        self.Q = [np.zeros(self.actionCount) for s in range(self.stateCount)]
        self.Policy = np.zeros(self.stateCount)
        self.totalReward = 0
        self.totalSteps = 0

    def reset_episode(self):
        """Resets the episode
        """
        self.totalReward = 0
        self.totalSteps = 0

    def iterate_value(self):
        """Iterates value and check for convergence
        """
        self.V = np.zeros(self.stateCount)
        for i in range(self.maxIter):
            last_V = np.copy(self.V)
            for state_index in range(self.stateCount):
                current_state = self.env.statespace[state_index]
                for action in self.env.actionspace:
                    next_state = self.env.next_state(current_state, action)
                    reward = self.env.compute_reward(next_state)
                    next_state_index = self.env.stateDict[next_state]
                    self.Q[state_index][action] = reward + self.gamma*last_V[next_state_index]
                if self.mode == 'debug':
                    print("Q(s={}): {}".format(current_state, self.Q[state_index]))
                self.V[state_index] = max(self.Q[state_index])
            if np.sum(np.fabs(last_V - self.V)) <= self.th:
                print("Convergene Achieved in {}th iteration. "
                      "Breaking V_Iteration loop!".format(i))
                break

    def extract_optimal_policy(self):
        """Determines the best action(Policy) for any state-action
        """
        self.Policy = np.argmax(self.Q, axis=1)
        if self.mode =='debug':
```

```python
        print ("Optimal Policy: ", self.Policy)
def run_episode (self):
    """Starts and runs a new episode

    Returns
    -------
    float:
        Total episode reward
    """
    self.reset_episode ()
    obs = self.env.reset ()
    while True:
        action = self.Policy [self.env.stateDict [obs]]
        new_obs, reward, done, _ = self.env.step (action)
        if self.mode=='debug':
            print ("PrevObs: {}, Action: {}, Obs: {}, Reward: {}, Done: {}"
                    .format (obs, action, new_obs, reward, done))
        self.totalReward += reward
        self.totalSteps += 1
        if done:
            break
        else:
            obs = new_obs
    return self.totalReward

def evaluate_policy (self, n_episodes = 100):
    """Evaluates the goodness (mean score across different episodes) as
    per a policy

    Returns
    -------
    float:
        Policy score

    """
    episode_scores = []
    if self.mode=='debug': print ("Running {} episodes!".format (n_episodes))
    for e, episode in enumerate (range (n_episodes)):
        score = self.run_episode ()
        episode_scores.append (score)
        if self.mode =='debug': print ("Score in {} episode = {}".format (e,
            score))
    return np.mean (episode_scores)

def solve_mdp (self, n_episode=100):
    """Solves an MDP (a reinforcement learning environment)

    Returns
    -------
```

```
            float:
                The best/ converged policy score
            """
            if self.mode =='debug':
                print ("Iterating Values...")
            self.iterate_value ()
            if self.mode == 'debug':
                print ("Extracting Optimal Policy...")
            self.extract_optimal_policy ()
            if self.mode == 'debug':
                print ("Scoring Policy...")
            return self.evaluate_policy (n_episode)
if __name__ == '__main__':
    """ Main function
        Main function to test the code and show an example.
    """
    print ("Initializing variables and setting environment...")
    valueIteration = ValueIteration (env = GridWorldEnv (), mode='debug')
    print ('Policy Evaluation Score =', valueIteration.solve_mdp ())
```

3.6 基于策略迭代方法求解网格世界的代码

这段代码位于主工程文件夹下名为"PolicyIteration_GridWorld.py"的文件中。我们已经为价值迭代和策略迭代示例使用了专用工程，但也可以在同一工程中使用这些文件。

```
"""Policy Iteration Algorithm
Code to demonstrate the Policy Iteration method for solving Grid World

Runtime: Python 3.6.5
Dependencies: numpy
DocStrings: NumpyStyle

Author: Mohit Sewak (p20150023@goa-bits-pilani.ac.in)
"""

from envs.gridworld import GridWorldEnv
import numpy as np

class PolicyIteration:
    """Policy Iteration Algorithm
    """
    def __init__ (self, env = GridWorldEnv (), discountingFactor = 0.9,
            convergenceThreshold = 1e-4,
            iterationThresholdValue = 1000,
```

```python
            iterationThresholdPolicy = 100,
        mode='prod'):
    """Initialize the PolicyIteration Class

    Parameters
    ----------
    env: (object)
        An instance of environment type
    discountingFactor: float
        The discounting factor for future rewards
    convergenceThreshold: float
        Threshold value for determining convergence
    iterationThresholdValue: int
        The maximum number of iteration to check for convergence of value
    iterationThresholdPolicy:
        The maximum number of iteration to check for convergence of policy
    mode: str
        Mode (prod/debug) indicating the run mode. Effects the informa-
        tion/ verbosity of messages.

    Examples
    --------
    policyIteration = PolicyIteration (env = GridWorldEnv (),
    mode='debug')
    """
    self.env = env
    self.gamma = discountingFactor
    self.th = convergenceThreshold
    self.maxIterValue = iterationThresholdValue
    self.maxIterPolicy = iterationThresholdPolicy
    self.stateCount = self.env.get_statespace_len ()
    self.actionCount = self.env.get_actionspace_len ()
    self.uniformActionProbability = 1.0/self.actionCount
    self.stateDict = env.stateDict
    self.actionDict = env.actionDict
    self.mode = mode
    self.stateCount = self.env.get_statespace_len ()
    self.V = np.zeros (self.stateCount)
    self.Q = [np.zeros (self.actionCount) for s in range (self.stateCount)]
    self.Policy = np.zeros (self.stateCount)
    self.totalReward = 0
    self.totalSteps = 0

def reset_episode (self):
    """Resets the episode
    """
```

```python
        self.totalReward = 0
        self.totalSteps = 0

    def compute_value_under_policy(self):
        self.V = np.zeros(self.stateCount)
        for i in range(self.maxIterValue):
            last_V = np.copy(self.V)
            for state_index in range(self.stateCount):
                current_state = self.env.statespace[state_index]
                for action in self.env.actionspace:
                    next_state = self.env.next_state(current_state, action)
                    reward = self.env.compute_reward(next_state)
                    next_state_index = self.env.stateDict[next_state]
                    self.Q[state_index][action] = reward + \
self.gamma*last_V[next_state_index]
                if self.mode == 'debug':
                    print("Q(s={}): {}".format(current_state, self.
                    Q[state_index]))
                self.V[state_index] = max(self.Q[state_index])
            if np.sum(np.fabs(last_V - self.V)) <= self.th:
                print("Convergene Achieved in {}th iteration. "
                    "Breaking V_Iteration loop!".format(i))
                break

    def iterate_policy(self):
        """Iterates over different (updated) policies
        Returns
        -------
        list
            A list of int with each element representing the action index in
            that state
        """
        self.Policy = [np.random.choice(self.actionCount) for s in range
        (self.stateCount)]
        for i in range(self.maxIterPolicy):
            self.compute_value_under_policy()
            old_policy = self.Policy
            self.improve_policy()
            new_policy = self.Policy
            if np.all(old_policy == new_policy):
                print('Policy Convergence achieved in step', i)
                break
            self.Policy = new_policy
        return self.Policy

    def improve_policy(self):
        """Improves a policy
```

```python
        Improves a policy by setting action for any state that gives the
        best Q value in that state
        """
        self.Policy = np.argmax(self.Q, axis=1)
        if self.mode == 'debug':
            print("Optimal Policy: ", self.Policy)

    def run_episode(self):
        """Starts and runs a new episode

        Returns
        -------
        float:
            Total episode reward
        """
        self.reset_episode()
        obs = self.env.reset()
        while True:
            action = self.Policy[self.env.stateDict[obs]]
            new_obs, reward, done, _ = self.env.step(action)
            if self.mode=='debug':
                print("PrevObs: {}, Action: {}, Obs: {}, Reward: {}, Done: {}"
                    .format(obs, action, new_obs, reward, done))
            self.totalReward += reward
            self.totalSteps += 1
            if done:
                break
            else:
                obs = new_obs
        return self.totalReward

    def evaluate_policy(self, n_episodes = 100):
        """evaluate a policy

        Parameters
        ----------
        n_episodes: int
            Max episodes to evaluate policy

        Returns
        -------
        float
            The policy score
        """
        episode_scores = []
        if self.mode =='debug': print("Running {} episodes!".format(n_episodes))
```

```
        for e, episode in enumerate(range(n_episodes)):
            score = self.run_episode()
            episode_scores.append(score)
            if self.mode == 'debug': print("Score in {} episode = {}".format(e,
            score))
        return np.mean(episode_scores)

    def solve_mdp(self, n_episode=10):
        """Solves an MDP (a reinforcement learning environment)

        Returns
        -------
        float:
            The best/converged policy score
        """
        if self.mode == 'debug':
            print("Initializing variables and setting environment...")
        self.iterate_policy()

        if self.mode == 'debug':
            print("Scoring Policy...")
        return self.evaluate_policy(n_episode)

if __name__ == '__main__':
    """Main function
    Main function to test the code and show an example.
    """
    print("Initializing variables and setting environment...")
    policyIteration = PolicyIteration(env=GridWorldEnv(), mode='debug')
    print('Policy Evaluation Score =', policyIteration.solve_mdp())
```

3.7 小结

本书旨在使用户能够在各自的领域中实现(深度)强化学习。要做到这一点，合乎逻辑的步骤是首先理解强化学习背后的理论和数学，然后学习如何有效地对它们进行编码。在我们讨论深度学习理论和一些(深度)强化学习智能体之前，介绍这一章，以便读者可以开始实践他们已经学到的东西。到目前为止，我们还没有将(深度)强化学习的深层部分引入代码中，但除此之外，我们介绍了实现强化学习智能体所需的大部分内容。

除了对用于强化学习的基于"价值迭代"和"策略迭代"的智能体进行编码之外，我们在本章中涉及最重要的方面是理解强化学习环境，并以这样一种方式从头开始对其进行编码，即它可以由我们的自定义智能体和标准强化学习智能体使用,这些智能体可以从不同的流行强化学习库中获得。我们做出了这个重要的决定,对自定义环境进行编码,而不是仅仅扩展现有环境,因为它不仅揭示了强化学习环境的构建模块,而且还使我们能够为各自的领域对环境进行编码。

第4章 时序差分学习、SARSA 和 Q 学习：几种常用的基于值逼近的强化学习方法

摘要 在本章中,我们将讨论非常重要的 Q 学习算法,它将是我们在后面章节中讨论深度 Q 网络(DQN)的基础。Q 学习用于为强化学习中的控制端问题提供解决方案,并且将问题的估计部分留给时序差分学习算法。Q 学习以离轨策略的方式提供控制解决方案。对应的状态-行动-奖励-状态-行动(State – Action – Reward – State – Action,SARSA)算法也使用 TD 学习进行估计,但以同轨策略的方式提供解决方案。在本章中,我们将介绍 TD 学习、SARSA 和 Q 学习的重要概念。此外,由于 Q 学习是一种采用离轨策略的算法,因此它使用不同的行为机制,而不是估计策略。此外,我们还将介绍 ε-贪婪和其他一些类似的算法,这些算法可以帮助我们探索离轨策略方法中的不同操作。

4.1 经典 DP 的挑战

到目前为止,我们研究解决 MDP 的方法,如价值迭代和策略迭代,通常被称为"经典动态规划"或"经典 DP",并不完全被认为是基于现代强化学习的解决方案。正如我们前面所强调的,尽管从理论上理解经典 DP 非常重要,但它也存在一些缺点。正如我们在价值迭代和策略迭代两节中分别强调的那样,缺点是它们在计算上非常复杂,并且仅可以处理有限的离散行动或有限的状态大小等。

除了计算复杂度之外,在实际应用中实现这些方法的挑战在于其"模型"的基本假设。强化学习中"模型"一词的使用具有特殊的参考意义。通常,我们将术语"模型"指代机器学习或监督学习模型,如神经网络、决策树、SVM、深度学习模型等。但在强化学习中术语"模型"有不同的含义,我们将在下一节中理解。

机器学习或监督学习模型(如 SVM、神经网络函数逼近器、人工神经网络(ANN)、深度神经网络(DNN)、卷积神经网络(CNN)、多层感知器(MLP)等)在强化学习中被称为"函数逼近器"。但为了使讨论更加清晰,在本章之后,我们将继续使用术语"模型",即使是监督学习模型也同样使用"模型"一词称呼,并将统计模型称为"MDP 模型",以便"对 MDP 建模"。根据强化学习的文献,

"MDP 模型"术语并不是标准术语,但为了避免机器学习模型(我们将其称为本章以外的模型)之间的任何混淆,我们将在本书中使用该术语。

为了使经典的动态规划能够很好地工作并有效解决 MDP,需要对 MDP 的环境进行完美的"建模"以计算最优策略。正如我们之前所发现的,价值迭代和策略迭代必须通过探索所有可能状态下的所有可能操作来完全理解环境。然后,这些算法计算每个可能组合的值以求解 MDP。但在现实生活中,特别是在有相当大的状态和动作组合的情况下,几乎不可能知道所有这些组合并计算每个组合的值来训练智能体。因此,在本章中,我们将超越经典的 DP 方法,并学习一些更现代和经典的强化学习(注意从经典动态规划到基于非动态规划方法的经典强化学习的术语变化)算法。

由于我们的重点是快速转移到深度强化学习方法,我们将无法涵盖"经典强化学习"或非基于深度学习的强化学习方法的详尽内容。但尽管如此,我们将涵盖重要的内容,理解这些内容也需要理解基于深度学习的强化学习方法。

4.2 基于模型和无模型的方法

正如我们在 4.1 节中所讨论的,强化学习中的术语"模型"用于表示 MDP 的"模型"。即理解 MDP 以便具有/生成状态转移概率(在采取行动 a 时从状态 s 到新状态 s' 的概率)和给定 MDP 的动作概率的"模型"。任何依赖于制作/理解 MDP 的"模型"来工作的方法都被称为"基于模型"的方法。相反,不使用或不需要知道 MDP 的这个"模型"来工作的方法被称为"无模型"方法。

"基于模型"的方法需要事先理解"模型"以推荐最优策略,并且为了理解该"模型",它们需要获得详尽的数据(假设学习是从数据样本中进行的)以有效地"建模"MDP。因此,这样的方法通常不以在线方式使用,其中智能体实时的或在小批量馈送的数据上学习和推荐行动。有一些混合方法也是可能的。在这样的混合方法中,从现有的数据样本中学习"模型",然后在"离线"模式中如此训练的"模型"在"在线"方法中使用,使用过程中可能还会以增量的形式引入一些改进或额外的学习。

基于模型的方法不仅仅局限于经典的动态规划。在经典的强化学习中,也有一些非常流行的基于模型的方法。时序差分(TD)学习是一种非常流行且对理解基于模型的强化学习方法非常重要的方法,由于其遵循"基于模型"的方法,因此有时也被称为时序差分模型(TDM)。

在本章中,我们将介绍时序差分(TD)学习,这是一种"基于模型"的方法,以及两种无模型方法,即"Q 学习"和"SARSA"。参考我们在第 2 章中关于"同轨策略"和"离轨策略"方法的讨论。值得注意的是,在我们将要讨论的两种无模型方法中,Q 学习是一种"离轨策略""无模型"的方法,而 SARSA 是一种"同轨策略""无模型"的方法。

4.3 时序差分(TD)学习

在讨论基于动态规划方法的缺点时,我们讨论了这种方法需要"模型"(MDP 模型)的完备知识才能工作,并且不能使用"经验"来弥补"模型"的任何先验知识的缺乏(或数据的缺乏)。在非强化学习(non-RL)方法中还有另一种技术,称为"蒙特卡罗仿真",它正好相反,主要使用经验,而不能直接使用"知识"(或先验数据)(尽管它使用历史数据从中提取分布,这可以作为经验)来解决 MDP。MC(蒙特卡罗)仿真试图了解数据的基本分布(每个变量及其与其他变量的协方差),然后可以通过从抽象分布生成样本来创建新数据。这类似于"经验"在人类中的作用。我们利用过去的记忆/经验,对未来可能发生的事情做出有根据的假设。

尽管基于蒙特卡罗仿真的方法在理论上看起来很好,但它有一个缺点,即必须等待所有(或大量)情节的完成才能收集基本的分布/经验。TD 学习在需要"无经验"的基于动态规划的方法和使用"仅有经验"的基于蒙特卡罗的方法之间做了很好的平衡。TD(0)是 TD 学习方法的一种变体,是一种完全的"在线"(这里的在线是指实时更新学习的能力)"自举法(Bootstrapping)"(在统计学中,自举法是指从数据中挑选样本并进行"替换"以更新总体统计的技术)技术,并且即使在一个事件内也可以连续更新。

如果读者不能理解上述优势在实际应用中的重要性,则让我们暂时回顾一下缓解离线学习瓶颈(或需要等待事件结束才能更新学习)的一些巨大好处。如果我们不必等待事件结束来更新值,那么这意味着该技术也可以用于具有非常长的事件的场景。想象一辆用于国家间服务的自动驾驶汽车!

这个瓶颈的另一个延伸是"连续任务",它本质上是"非事件的(Non-episodic)"任务(或单个情节运行到无限步骤的任务)。在事件的范式中,"连续任务"相当于永远不会结束的单一事件。想象一个连续运行的机器人装配线!

时序差分学习还存在其他变体,如 TD(1)和更通用的 TD(λ)(发音为 TD lambda)。但在本节中,我们将只讨论 TD(0)版本。但在此之前,我们将简要讨论 TD、SARSA 和 Q 学习在强化学习问题中的作用。

4.3.1 强化学习的估计与控制问题

对于基于价值函数优化/最大化的智能体,该问题可以分解为两个子问题。第一个是"估计"子问题,即"估计"(而不是"计算"我们在经典动态规划练习中

45

所做的)价值函数(给定"策略"),第二个是"控制"子问题,即采取或推荐与给定当前状态相对应的行动。"控制"问题可以将"估计"问题的结果与其他机制/算法一起用作输入,以确定/推荐可能的最佳下一行动。

TD(0)本质上为问题的"估计"部分提供了一种很好的方法。对于"控制",我们可以使用 SARSA 或 Q 学习方法,我们将在后面介绍。

4.3.2　TD(0)

TD(0)是在给定"策略"$\pi_{(s)}$下"估计"有限 MDP 的"价值函数"的最简单的时序差分学习算法。在第 2 章中,式(2.2)、式(2.3)讨论了基于总奖励期望的价值函数的贝尔曼方程的一种变体,如下所示:

$$V_\pi(s) = \mathbb{E}_\pi[R_t \mid s_t = s] \tag{4.1}$$

这进一步证明可以扩展到包括未来的折扣奖励:

$$V_\pi(s) = \mathbb{E}_\pi\left[\sum_{i=0}^{\infty} \gamma^i R_{a_{(t+i)}}(s_{(t+i)}, s_{(t+i+1)})\right] \tag{4.2}$$

另一种方式是,上述方程可以仅以两个连续步骤的形式表示如下:

$$V_\pi(s) = \mathbb{E}_\pi[r_0 + \gamma V_\pi(s_1) \mid s_0 = s] \tag{4.3}$$

在式(4.3)中,$r_0 + \gamma V_\pi(s_1)$ 是 $V_\pi(s)$ 的无偏估计。可以对这些数据进行更新,并以表格形式对所有随后的估计进行修订。由于这种以表格格式直接更新的能力,TD(0)也被称为表格方法。价值 – 函数表(如表格方法中使用的表)的初值可以被任意初始化,并在以后的每一步(而不仅仅是每一事件)进行修改。"估计"或更新该价值 – 函数表所依据的"策略"是"评估"(在策略迭代中,我们讨论了两个所需的重复步骤,即策略评估和策略改进,此处我们仅使用策略"评估"步骤)。在"评估"期间,我们可能会获得新的奖励(r),并且每一步都会按照以下公式更新价值 – 函数表:

$$V_{(s)} = V_{(s)} + \alpha(r + \gamma V_{(s')} - V_{(s)}) \tag{4.4}$$

式中:符号"α"(alpha)是学习率;s 是当前状态;s' 是行动发生后的新状态。

式(4.4)本质上表明,值函数中的特定状态的值可以在每一步中更新,使得它等于该状态的先前值加上学习率乘以该状态的新"TD 目标"(即 $r + \gamma V(s')$ 项)与同一状态的先前值之间的任何差异。当前状态 $V_{(s)}$ 的新"TD 目标"是在此步骤中收到的即时奖励加上下一步奖励的折扣值。有时,在此类更新期间,状态的"TD 目标"可能与该状态的先前值有很大差异,其原因可能是数据中的噪声。在单次迭代中,"TD 目标"和当前状态的值之间的这种大的偏差可能影响收敛,并且可能需要进行平滑操作。公式中学习率的增加提供了这种所需的平滑效果,并且还防止了少量噪声数据对学习产生很大的不利影响。

4.3.3 TD(λ)和资格迹

时序差分 λ 或 TD(λ)是时序差分学习的流行版本。我们将在这里简要介绍,而不会深入分析。在 TD(0)中,我们看到任何给定的值更新迭代中的值等于该步骤中的瞬时奖励加上下一步状态的折扣值。通过仅包括价值计算中的下一步,我们假设给定步骤中任何状态的价值目标的差异仅是智能体访问序列中最后一步状态的函数。对于序列事件或场景,这可能不是一个很好的假设。TD(λ)算法将弱化 TD(0)的假设。

在 TD(λ)中,我们可以将奖励的属性分配给智能体按顺序访问的不同的先前状态,因此这些步骤中的状态假定对智能体在当前值更新迭代中当前步骤中收到的奖励负责。对不同的先前状态和动作的奖励/价值的信用归因的比例由参数 λ 控制,其中 λ 介于 0 和 1 之间(1≥λ≥0)。当 λ 设置为 0 时,等效于 TD(0)算法,其中我们仅对最后一步采取瞬时奖励;而当 λ 被设置为 1 时,它对所有先前访问的状态和采取的行动对应的奖励/价值赋予相等的信用归因。在 λ=1 的情况下,该算法的行为类似于蒙特卡罗仿真在一个事件中的工作方式,即,通过对该事件中访问的所有状态的奖励进行平均。

对于 λ 的任何中间值,通过 $λ^n$ 对属性进行加权,其中 n 表示通过在前一状态中采取所选择的行动到访问状态的最后一步之前的步骤数。这种方法在直觉上非常类似于一种在进行更新以查看智能体已经访问的所有状态之前,等待一些步骤(例如 i)的方法。在这样的条件下,虽然我们已经决定任何奖励归属应该只发生在 i 步之前的状态,但使用 TD(λ),我们可以实现这一点,而不需要等待更新。因此,即使在纯粹的在线场景中,TD(λ)也可以在与蒙特卡罗仿真类似的假设下工作。

这种将奖励/惩罚的归属分配给在先前步骤中访问的不同状态的方法被称为"资格迹(Eligibility Trace)"。这意味着我们想要追踪在事件序列的先前步骤中将奖励归因于先前事件的资格。用于实施和管理(归因于过去不同步骤的比例)"资格迹"的基于 λ 的方法称为"前向视图",而上面示例中提到的另一种方法称为用于实现"资格跟踪"的"后向视图",在该方法中,将属性归因到之前的步骤,需要在等待某些步骤看到奖励后发生。

4.4 SARSA

SARSA 为 State-Action-Reward-State-Action 的首字母缩写,或者更准确地说,就步骤而言,它代表状态$_{(t)}$—行动$_{(t)}$—奖励$_{(t)}$—状态$_{(t+1)}$—行动$_{(t+1)}$。它对价值-函数表更新使用的原理与我们在时序差分学习中讨论的原理相同,并将其应用于行动-价值函数(也称为 Q 函数)更新。SARSA 致力于问题的"控制"方面。给定的行动-价值函数 $Q_{(s,a)}$ 对一对状态和行动起作用,即(s,a)或当智能体处于给定状态时的行动,SARSA 可以被分组为$[(s,a),r,(s',a')]$,或者通过正确的行动-价值符号 Q 进一步扩充为$[Q_{(s,a)},r,Q_{(s',a')}]$。

上面对 Q 格式的描述,清楚地表达了 SARSA 是如何更新 Q 函数的。SARSA 更新给定(s,a)组合的 Q 值,使用智能体在任何步骤中接收的瞬时奖励和结果状态-行动对的 Q 值,即(s',a')。如在 TD(0)的情况下,该迭代更新可以如下等式的形式表示。α、γ、s、s'等符号与我们在 TD(0)一节中讨论的意义相同,即 α 是学习率,γ 是折扣因子,s 是当前状态,s' 是当智能体在状态 s 中采取行动 a 时的后续状态。

$$Q_{(s,a)} = Q_{(s,a)} + \alpha(r + \gamma Q_{(s',a')} - Q_{(s,a)}) \tag{4.5}$$

或

$$Q_{(s,a)} = (1-\alpha)Q_{(s,a)} + \alpha(r + \gamma Q_{(s',a')}) \tag{4.6}$$

如果读者仔细注意的话,除了我们将 $V_{(s)}$ 项替换为 $Q_{(s,a)}$ 项之外,式(4.5)与式(4.4)在 TD(0)时完全相同,即,不是以在线方式更新价值函数,而是更新动作-价值函数或 Q 函数。

正如我们在前面关于"同轨策略"和"离轨策略"的差异性中所提到的,根据算法是否使用相同的机制(策略)来采取行动(行为)和更新(估计)/探索功能(在此基础上确定最佳行动)或两者的不同机制,可以将算法分类为其中一种。SARSA 遵循相同的策略来执行用于更新行动-价值函数的操作。正如我们在第 2 章中所讨论的,这种对行为和估计使用相同策略的方法被称为"同轨策略"学习算法。因此,SARSA 是一种"同轨策略"学习算法。

与我们之前讨论的其他一些算法不同,在这些算法中,我们可以在启动训练时随机初始化被估计的函数(价值函数或 Q 函数),而在 SARSA 的情况下则不会这样做。SARSA 是一种"同轨策略"的学习算法,其中的操作依赖于现有的 Q 值。因此,随机分配的一组值可能意味着一些 $Q_{(s,a)}$ 序列具有相对较高的初始值,并且如果智能体使用该初始值作为标准来决定其下一个动作,则它可能总是保持遵循该特定的动作序列,而不给出访问(探索)其他状态-行动对(s,a)的机会,因此将不能更新它们各自的 Q 值。换句话说,智能体最终将主要利用随机分配的次优 Q 函数值,而不是探索所有/大多数状态-行动组合并正确地估计每个状态-行动(S,A)的值以正确地更新 Q 函数。因此,在 SARSA 中,初始 Q 值空间通常会被初始化为一个非常低的初始值,也称为"乐观初始条件(Optimistic-initial-condition)"。

4.5 Q学习

像SARSA一样,Q学习也使用时序差分学习(TD学习)估计问题。此外,与SARSA一样,Q学习为问题的"控制"提供解决方案,并尝试估计行动-价值/Q函数以采取最佳可能的动作(这称为"控制")。因此,Q学习的估计部分类似于SARSA的估计部分,并且它也在每一个迭代步中更新Q函数。尽管如此,正如我们将在本节后面讨论的那样,相比SARSA,Q学习的方程有些细微的变化。Q学习使用(状态—行动—奖励—状态<State-Action-Reward-State>)元组作为经验来估计Q函数。

但与SARSA不同的是,Q学习是一种"离轨策略"方法,不使用Q函数来决定行为(不使用策略来决定下一个动作)。因此,与SARSA不同,Q表格/变量的初始化可以使用全零来完成。这是因为Q学习使用另一种行为策略,并且Q表格或初始动作值函数变量的零初始化,不同于前面关于SARSA的章节中所讨论的,在Q学习中零初始化不会产生智能体的收敛问题。事实上,"离轨策略"因为内置的探索效果与估计函数无关,所以被认为是能够忽略估计函数的有效性而学习好的策略。

因此,除了时序差分学习的动作-价值(Q函数)估计之外,Q学习还需要另一种策略来平衡"探索"和"利用"。在第1章中,我们已经讨论了"探索和利用困境",并提到了按照估计函数(Estimation Function)的推荐选择一个行动的过程(由对应于最大化价值/行动-价值函数的行动表示)被称为"利用"决策。而使用一些其他/附加机制来采取类似的决策被称为"探索"决策。在"探索"阶段,智能体想要进一步探索环境,并且还可能访问状态、采取行动或估计状态行动组合。而当估计函数判断这些状态动作组合没有意义或者无法保证这种行为能够提供更优的价值时,智能体便不能访问这些状态,或是采取行动,或是估计状态行动的组合。

为进一步理解Q学习,首先我们将讨论在"利用"中做出决定的方式,因为这直接依赖于估计函数(这里是Q函数)。我们已经在SARSA中做了类似的事情,很容易理解。但是,正如我们在本节前面所讨论的,Q函数的估计/更新方程略有不同。这是因为现在我们有了不同的"探索"机制,我们希望将Q函数更新完全集中在"漏洞利用"部分。因此,改为从下一个状态-s'中获取所有可能的下一个$Q_{(s',a')}$组合的最大值。这也是为什么我们只需要一个4元素元组(状态,行动,奖励,下一状态)作为Q学习的经验实例,而不是像SARSA中的5元素元组(状态,行动,奖励,下一状态,下一行动)的原因。用于Q学习的动作值函数的估计/更新的等式如下:

$$Q_{(s,a)} = (1-\alpha)Q_{(s,a)} + \alpha(r + \gamma \max_{a'} Q_{(s',a')}) \tag{4.7}$$

需要注意的是,用于Q学习的式(4.7)与用于SARSA的式(4.6)之间的唯一区别在于,不是像在SARSA中那样从下一个行动-价值,即$Q_{(s',a')}$值(其中下一个a'是已知的并且是明确的)中取差值,在Q学习中,对给定(嵌套)状态的所有可能的$Q_{(s',a')}$组合——s'进行评估,并考虑其中的最大行动-价值。这又意味着从该状态中可能的任何动作反映下一状态可能的最大值。因此,该值仅被参数化为状态的函数,而不是状态-行动组合。因此,Q学习经验实例中的元组的最后部分只有状态,而不像SARSA的经验实例的元组那样需要状态-行动组合。

接下来,我们将讨论Q学习中的"探索"阶段。在"探索"阶段,主要是基于一些选择的概率函数从给定状态的可用动作空间中选择动作。"探索"和"利用"之间的决策是随机发生的,并且有不同的算法来确定处于"探索"和"利用"阶段的概率。在下一节中,我们将介绍其中的一些算法。受"A/B测试"场景中使用的著名"赌博机算法"的启发,这类算法有时也被称为"多臂赌博机算法"。

4.6 决定"探索"和"利用"之间概率的算法(赌博机算法)

4.6.1 Epsilon-Greedy(ε-贪婪)

Epsilon-Greedy是在"探索"和"开发"阶段进行权衡的最流行和最简单的算法。常数epsilon(ε)表示智能体在每个回合中决定"探索"的概率。因此,如果$\varepsilon=0.1$,则在任何给定的轮次中,智能体将采取随机动作(探索)的概率为10%,并且智能体将"利用"现有Q函数估计的概率为90%,该现有的Q函数估计贪婪地根据从Q函数更新的最佳值估计选择动作,直到迭代为止。因此得名ε-贪婪。

需要注意,在"探索"过程中,形容词"探索"表示ε,"随机"表示行动选择。这两个属性的选择是我们接下来要讨论的这类算法中大多数算法的变化。在ε-贪婪中,ε的值一旦被选择就对于行为策略保持恒定。"ε"越大,智能体可能"探索"随机动作的次数越多,"ε"越小,智能体可能贪婪地"利用"估计值/Q函数的次数越多。因此,"ε"的选择应基于基本马尔可夫决策过程(MDP)的"确定性"。MDP越"确定",需要探索的就越少,相应地保证"ε"的值越小。相反,MDP越"随机",就越需要探索,相应地保证"ε"的值越大。因此,探索与利用的要求之间所需的平衡是确定"ε"值的指导原则,如图4.1所示。

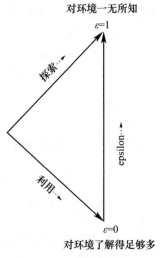

图 4.1 选择理想的 ε

4.6.2 时间自适应"ε"算法(如退火 ε)

正如我们在前面 ε-贪婪部分中所讨论的,ε 的值在整个训练过程中保持不变。我们还讨论了一些有关如何基于当前的"随机"问题(潜在的 MDP)的"确定性"来选择一个好的 ε 值的方法。在将两个 MDP 进行比较时,这种启发式方法是很好的。但是,在处理一个给定的随机问题或 MDP 时,这个过程在开始时并不明确,随着我们开始探索,它将越来越多地出现在地图上。因此,如果试探法指示相对较少已知的过程的较高的 epsilon 值和相对已知的过程的较低的 ε 值,则即使用于单个 MDP 的算法也应该具有较高的 ε(更多"探索"机会),以及随着我们不断获得更多关于环境的信息而逐渐降低的 ε(使其能够"利用"更多的"贪婪"选项)。

退火 ε、ε 优先和减少 ε 是一些在训练过程调整 ε 的算法,目的是减少收敛时间,并依赖于更有根据的预测,而不是随机选择,因为我们对该过程了解得更多。我们不会单独讨论这些算法的细节,只是为了说明这些算法是如何工作的,我们将以"退火 epsilon"算法为例。

退火 ε 算法根据时间/步骤改变 ε,如下所示:

$$\varepsilon = \frac{1}{\log(\text{time} + c)} \tag{4.8}$$

式中:c 是 10^{-7} 量级的小常数,以避免除零的错误(因为 $\log 1 = 0$)。

4.6.3 动作自适应"ε"算法(如 ε soft)

除了选择 ε 之外,在"探索"和"利用"机会的概率之间进一步平衡的另一种方法是基于可用动作的数量(即动作空间的基数)。直观上,域/流程中可用的操作数量越多,对该流程的探索就越多,反之亦然。ε soft 确实做到了这一点,即使对于选定的 ε,也会根据该状态可用的操作来改变给定状态中的"探索"概率,如下所示:

$$P_{\text{explore}} = \frac{\varepsilon}{|A_s|} \tag{4.9}$$

4.6.4 价值自适应"ε"算法(如基于 VDBE 的 ε - 贪婪)

根据 MDP 中环境的随机性和策略的有效性,不同价值函数的估计可能需要不同的时间来收敛,因此,不是相对于时间改变 ε,而是相对于估计函数中的误差改变 ε(类似于 Q 学习情况下的 Q 函数)。从一次迭代到另一次迭代的估计函数更新期间的增量变化越大,在后续迭代中的"探索"机会应该越大,因此"ε"的值应该越大。

"VDBE"或"基价于值差异探索"自适应 ε - 贪婪算法精确地实现了上述状态目标,并基于每一步中估计值的变化来改变 epsilon(ε)的值,例如:

$$\varepsilon_{(t+1)}(s) = \delta f(s_t, a_t, \sigma) + (1-\delta)\varepsilon_{(t)}(s) \tag{4.10}$$

式中:δ 是确定所选动作对探索速率影响的参数,其选择类似于式(4.9)在动作自适应方法的情况下;σ 是被称为"逆灵敏度"的正数值的常数。

4.6.5 我们应该使用哪种赌博机算法

与前面讨论的多种 ε - 贪婪算法及其变体相比,基本的 ε - 贪婪算法有许多优点。任何上述算法(或不同变体版本)可以被选择来回答底层领域或模型的训练或其后续使用所提出的特定挑战。后续这些变体版本的缺点在于,这些版本更复杂,与基本 ε - 贪婪相比,需要优化的参数数量更多,并且有时特定算法版本甚至可能要求存储估计过程期间的值以顺利地执行。所有这些因素进一步增加了行为策略的复杂性。

在大多数情况下,可以确定,在基本 ε - 贪婪算法的情况下,通过仔细地手动调整参数"ε"的值,也可以实现最优结果。因此,在本书的示例中,我们将单独使用基本的 ε - 贪婪算法,并选择特定的 ε 参数。

4.7 小结

在本章中,我们讨论了更实用的价值函数估计方法,并进入现代强化学习范式。与计算范式不同,一切都是已知的,因此可以相应地对行为进行建模,而在更实用的范式中,我们将强化学习问题分为估计问题和控制问题。

时序差分算法为估计问题提供了一种在线机制。时序差可以自适应地用于类似于动态规划、蒙特卡罗仿真或两者之间的任何方法中。此外,由于它是一种前瞻性机制,这些变化可以提供与动态规划或蒙特卡罗仿真的情况类似的结果,即使在真正的在线环境和非事件性(Non-episodic)的 MDP 中也是如此。

SARSA 和 Q 学习为非经典强化学习中的控制问题提供了解决方案。一方面,SARSA 是一种基于同轨策略的方法,使用相同的策略进行行为和估计,并且需要仔细选择初始值以避免可能的缺点。另一方面,Q 学习是一种离轨策略的算法,使用额外的策略来确定其探索与利用的决策平衡。ε - 贪婪和许多其他高级变体算法可以在这里提供帮助。高级算法可以动态地改变探索 - 利用平衡以获得更优化的结果,但是可能需要相应更高的开销来实现。

第5章　Q学习编程:Q学习智能体和行为策略编程

摘要　在本章中,我们将把所学到的关于Q学习的知识放在最后一章的代码中。我们将实现基于Q表格的离轨策略Q学习智能体。为了补充行为策略,我们将通过 ε 贪婪算法来实现另一个关于行为策略的类。

5.1　工程结构与依赖项

对于Q学习,我们也将使用第2章中的值/策略迭代代码创建的"网格世界"环境。因此,我们将从"envs"文件夹下的gridworld.py导入环境。

此外,我们将使用一个虚拟环境,称之为深度强化学习(DRL),它基于Python 3.6.5实时运行。我们使用"MiniConda"来创建这个环境,可以通过shell/cmd命令"conda create-n DRL python = 3.6"创建,然后以"source activate DRL"(对于Windows,该命令仅为"activate DRL")激活。代码工程结构和requirements.txt内容(运行依赖)分别如图5.1和图5.2所示。

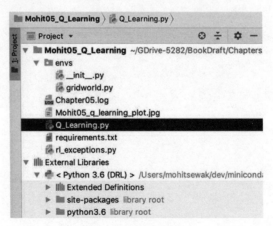

图 5.1　代码工程结构

requirements.txt包含外部库依赖项,即"numpy"和"matplotlib"(打印时可选)。可以使用命令"pip install < dependency >"从pip包安装,或者像PyCharm

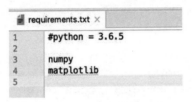

图 5.2 Requirements.txt 内容

这样的 IDE,将提示自动安装扫描 requirements.txt 的库。要在 PyCharm 中激活 DRL 虚拟环境,请点击 settings -> project interpreter -> add new,然后从虚拟环境的 bin 文件夹中选择 Python 文件。对于 miniconda/anaconda,envs 文件夹的默认位置是 <user_dir>/miniconda/envs/ env_name = DRL>/bin。

5.2 代码

```
""" Q Learning in Code

Q Learning Code (on custom environment as created in Chapter 2) as in the book
Deep Reinforcement Learning, Chapter 5.

Runtime: Python 3.6.5
Dependencies: numpy, matplotlib (optional for plotting, else the plotting
function can be commented)
DocStrings: GoogleStyle

Author: Mohit Sewak (p20150023@goa-bits-pilani.ac.in)
"""
```

5.2.1 导入和日志记录(文件 Q_Lerning.py)

```
#including necessary imports
import logging
import numpy as np
from itertools import count
import matplotlib.pyplot as plt
# import custom exceptions that we coded to receive for more meaningful
messages
from rl_exceptions import PolicyDoesNotExistException
# Import the custom environment we built in Chapter 02. We will use the
same environment here.
from envs.gridworld import GridWorldEnv

# Configure logging for the project
# Create file logger, to be used for deployment
```

```python
# logging.basicConfig(filename="Chapter05.log", format="%(asctime)s %(message)s', filemode='w')
logging.basicConfig()
# Creating a stream logger for receiving inline logs
logger = logging.getLogger()
# Setting the logging threshold of logger to DEBUG
logger.setLevel(logging.DEBUG)
```

5.2.2 行为策略类代码

```python
class BehaviorPolicy:
    """Behavior Policy Class
    Class for different behavior policies for use with an Off-Policy
    Reinforcement Learning agent.

    Args:
        n_actions (int): the cardinality of the action space
        policy_type (str): type of behavior policy to be implemented.

        policy_parameters (dict): A dict of relevant policy parameters for
        the requested policy.
            The epsilon-greedy policy as implemented requires only the
            value of the "epsilon" as float.

        None
    """
    def __init__(self, n_actions, policy_type="epsilon_greedy", policy_parameters={"epsilon":0.1}):
        self.policy = policy_type
        self.n_actions = n_actions
        self.policy_type = policy_type
        self.policy_parameters = policy_parameters

    def getPolicy(self):
        """Get the requested behavior policy

        This function returns a function corresponding to the requested
        behavior policy

        Args:
            None

        Returns:
            function: A function of the requested behavior policy type.

        Raises:
            PolicyDoesNotExistException: When a policy corresponding to
            the parameter policy_type is not implemented.
        """
```

```python
        if self.policy_type == "epsilon_greedy":
            self.epsilon = self.policy_parameters["epsilon"]
            return self.return_epsilon_greedy_policy()
        else:
            raise PolicyDoesNotExistException("The selected policy does not exists! The implemented policies are "
                "epsilon-greedy.")

    def return_epsilon_greedy_policy(self):
        """Epsilon-Greedy Policy Implementation

        This is the implementation of the Epsilon-Greedy policy as returned by the getPolicy method when "epsilon-greedy" policy type is selected.

        Args:
            None

        Returns:
            function: a function that could be directly called for selecting the recommended action as per e-greedy.

        """
        def choose_action_by_epsilon_greedy(values_of_all_possible_actions):
            """Action-Selection by epsilon-Greedy

            This function chooses the action as the epsilon-greedy policy

            Args:
                values_of_all_possible_actions (list): A list of values of all actions in the current state

            Returns:
                int: the index of the action recommended by the policy

            """
            logger.debug("Taking e-greedy action for action values "+ str(values_of_all_possible_actions))
            prob_taking_best_action_only = 1 - self.epsilon
            prob_taking_any_random_action = self.epsilon / self.n_actions
            action_probability_vector = [prob_taking_any_random_action] * self.n_actions
            exploitation_action_index = np.argmax(values_of_all_possible_actions)
            action_probability_vector[exploitation_action_index] += prob_taking_best_action_only
            chosen_action = np.random.choice(np.arange(self.n_actions), p=action_probability_vector)
            return chosen_action
        return choose_action_by_epsilon_greedy
```

5.2.3 Q学习智能体类代码

```
class QLearning:
    """Q Learning Agent
    
        Class for training a Q Learning agent on any custom environment.
    
    Args:
        env (Object): An object instantiation of a custom env class like
        the GridWorld() environment
        number_episodes (int): The maximum number of episodes to be
        executed for training the agent
        discounting_factor (float): The discounting factor (gamma) used
        to discount the future rewards to current step
        behavior_policy (str): The behavior policy chosen (as q learning
        is off policy). Example "epsilon-greedy"
        epsilon (float): The value of epsilon, a parameters that defines
        the probability of taking a random action
        learning_rate (float): The learning rate (alpha) used to update
        the q values in each step
    
    Examples:
        q_agent = QLearning()
    
    """
    def __init__(self, env=GridWorldEnv(), number_episodes=500, discounting_factor=0.9,
                 behavior_policy="epsilon_greedy", epsilon=0.1, learning_
                 rate=0.5):
        self.env = env
        self.n_states = env.get_statespace_len()
        self.n_actions = env.get_actionspace_len()
        self.stateDict = self.env.stateDict
        self.n_episodes = number_episodes
        self.gamma = discounting_factor
        self.alpha = learning_rate
        self.policy = BehaviorPolicy(n_actions=self.n_actions, policy_
        type=behavior_policy).getPolicy()
        self.policyParameter = epsilon
        self.episodes_completed = 0
        self.trainingStats_steps_in_each_episode = []
        self.trainingStats_rewards_in_each_episode = []
        self.q_table = np.zeros((self.n_states, self.n_actions), dtype=
        float)

    def train_agent(self):
```

```
"""Train the Q Learning Agent

This is the main function to be called to start the training of the Q
Learning agent in the given environment
and with the given parameters.

Args:
    None

Returns:
    list: list (int) of steps used in each training episode
    list: list (float) of rewards received in each training episode

Examples:
    training_statistics = q_agent.train_agent ()
"""
logger.debug ("Number of States: {}".format (str (self.n_states)))
logger.debug ("Number of Actions: {}".format (str (self.n_actions)))
logger.debug ("Initial Q Table: {}".format (str (self.q_table)))
for episode in range (self.n_episodes):
    logger.debug ("Starting episode {}".format (episode))
    self.start_new_episode ()
return self.trainingStats_steps_in_each_episode, self.trainingStats_rewards_in_each_episode

def start_new_episode (self):
    """Starts New Episode

    Function to Starts New Episode for training the agent. It also
    resets the environment.

    Args:
        None

    Returns:
        None
    """
    current_state = self.env.reset ()
    logger.debug ("Env reset, state received: {}".format (current_state))
    cumulative_this_episode_reward = 0
    for iteration in count ():
        current_state_index = self.stateDict.get (current_state)
        policy_defined_action = self.policy (self.q_table [current_state_index])
        next_state, reward, done, _ = self.env.step (policy_defined_action)
        next_state_index = self.stateDict.get (next_state)
        logger.debug ("Action Taken in Episode {}, Iteration {}: next_
```

```
            state={}, reward={}, done={}".
                format(self.episodes_completed, iteration, next_state,
                reward, done))
            if done:
self.trainingStats_rewards_in_each_episode.append(cumulative_this
_episode_reward)
                self.trainingStats_steps_in_each_episode.append(iteration)
                self.episodes_completed += 1
                break
            cumulative_this_episode_reward += reward
            self.update_q_table(current_state_index, policy_defined_
            action, reward, next_state_index)
            current_state = next_state

    def update_q_table(self, current_state_index, action, reward, next_
state_index):
        """Update Q Table

        Function to update the value of the q table

        Args:
            current_state_index(int): Index of the current state
            action(int): Index of the action taken in the current state
            reward(float): The instantaneous reward received by the agent
            by taking the action
            next_state_index(int): The index of the next state reached by
taking the action

        Returns:
            None

        """
        target_q = reward + self.gamma * np.max(self.q_table[next_state_
        index])
        current_q = self.q_table[current_state_index, action]
        q_difference = target_q - current_q
        q_update = self.alpha * q_difference
        self.q_table[current_state_index, action] += q_update

    def plot_statistics(self):
        """Plot Training Statistics

        Function to plot training statistics of the Q Learning agent's
        training. This function plots the dual axis plot,
        with the episode count on the x axis and the steps and rewards in
        each episode on the y axis.

        Args:
```

```
        None
Returns:
    None
Examples:
    q_agent.plot_statistics()
"""
trainingStats_episodes = np.arange(len(self.trainingStats_
steps_in_each_episode))
fig, ax1 = plt.subplots()
ax1.set_xlabel("Episodes(e)")
ax1.set_ylabel("Steps To Episode Completion", color="red")
ax1.plot(trainingStats_episodes, self.trainingStats_steps_in_
each_episode, color="red")
ax2 = ax1.twinx()
ax2.set_ylabel("Reward in each Episode", color="blue")
ax2.plot(trainingStats_episodes, self.trainingStats_rewards_
in_each_episode, color="blue")
fig.tight_layout()
plt.show()
```

5.2.4　测试智能体实现的代码(主函数)

```
if __name__ == "__main__":
    """Main function

    A sample implementation of the above classes (BehaviorPolicy and
QLearning) for testing purpose.
    This function is executed when this file is run from the command propt
directly or by selection.
    """
    logger.info("Q Learning - Creating the agent")
    q_agent = QLearning()
    logger.info("Q Learning - Training the agent")
    training_statistics = q_agent.train_agent()
    logger.info("Q Learning - Plotting training statistics")
    q_agent.plot_statistics()
```

5.2.5　自定义异常代码(文件 rl_exceptions.py)

```
class PolicyDoesNotExistException(Exception):
    pass
```

5.3 训练统计图

每个事件中步数与累计奖励如图 5.3 所示。

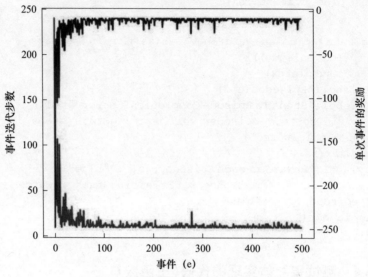

图 5.3 每个事件中步数与累计奖励

第 6 章 深度学习简介

摘要 在本章中,我们将介绍本书所必需的深度学习知识。我们将讨论多层感知机－深度神经网络(MLP-DNN)等深度学习网络的基本架构及其内部工作。由于许多游戏数据流上的强化学习算法都以图像/视频作为输入状态,我们也将在本章介绍 CNN,即用于视觉的深度学习网络。

6.1 人工神经元——深度学习的基石

神经网络由许多人工神经元组成。最初,人工神经元的建模是基于真实生物神经元的工作和构造的(图 6.1)。生物神经元连接到多个其他神经元和大脑部分,从中接收信号,并处理这些输入,生成输出,该输出可用于触发其他神经元或通过神经传递激活某些肌肉。

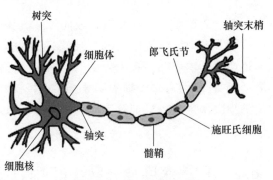

图 6.1 一个生物神经元

现在,我们将尝试理解如何对人工神经元进行数学建模(图 6.2)。输入值 $x_1, x_2, \cdots, x_n$ 提供给神经元。我们将把这个输入表示为输入向量 X,令 $X = \{x_1, x_2, \cdots, x_n\}$。这些输入可以直接表示原始数据,但应该适当缩放以实现有效工作。有时候,如果神经元是大型网络的一部分,其中激活可能会使深度网络中的输出非线性饱和,那么可能需要对批次中的输入特征进行标准化/归一化(转换为单位均值和单位方差)。这些输入与权重向量进行加权。权重向量的元素来自 $w_1, w_2, \cdots, w_n$。我们将权重向量表示为 W,令 $W = \{w_1, w_2, \cdots, w_n\}$。我们需要训练这个权重向量 **W**,或者换句话说,找到权重元素的最优值,以获得最佳输出。这里最佳输出是产生数据集中不同样本的实际值和预测值之间的最小误差/损失的输出。我们将实际输出称为 y,将神经元的预测输出表示为 $\hat{y}$。除了权重之外,神经元可以包含偏置项(称为 b),这是一个实数。

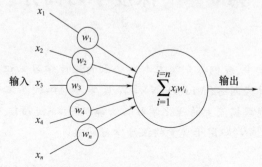

图 6.2　人工神经元的功能

神经元内部的处理使用称为"激活函数"的函数进行。激活函数的输入称为 Z,它等于 $w_1x_1 + w_2x_2 + \cdots + w_nx_n + b$ ($\boldsymbol{W}^{\mathrm{T}}\boldsymbol{X} + b$)。神经元的输出可以表示为 $\hat{y} = \mathrm{Activation}(Z)$。需要选择一个合适的激活函数以实现预期的目的。激活函数还受到一个影响,即所训练的预测是否需要是分类(类别概率)或连续的值。

上述描述对应于单个数据元素/行/元组的前向传递。我们需要多个数据元素来训练网络的权重。在训练过程中,我们尝试在完整的训练/评估数据集上最小化损失。通过在实际输出(y)和预测输出($\hat{y}$)上应用损失函数,可以获得这个损失。与激活函数一样,有多个损失函数可供选择,可以选择最适合应用需求和输入数据的损失函数。一旦训练完成,神经元就可以用于预测/估计工作。

6.2　前馈深度神经网络(DNN)

人工神经元很少单独使用。大脑中的单个神经元并不是很强大,但是当数百万个神经元结合在一起时,它们能够赋予整个大脑功能。同样地,人工神经元不是单独使用的,而是用于构建人工神经网络(Artificial Neural Network,ANN)。人工神经网络具有 3 层神经元,第一层称为输入层,第二层称为隐藏层,第三层称为输出层。输入层具有与输入特征向量中的元素一样多的神经元,因此在输入特征和输入层中的神经元之间提供一对一的映射。同样地,输出层具有所需输出数量的神经元。在分类问题中,输出的数量可以等于需要从网络中预测的类数,而在回归问题中,输出的数量可以为1。隐藏层中的神经元数量可以根据手头的应用程序进行更改,并且可能需要一些经验来确定这个数字的最优值。

人工神经网络(ANN)被认为是通用逼近器。这意味着,给定适当的激活函数,它们能够在以实数为特征的数据的具有紧致性的子集上逼近任何连续函数。但尽管存在这些近似,单层学习到的函数很难模拟复杂的现实数据。这就是深度神经网络(DNN)发挥作用的地方。这些网络有时也被称为基于多层感知器(MLP)的深度神经网络(MLP-DNN),其中 MLP 指的是这些网络中的底层人工神经元的类型。

深度神经网络具有多个隐藏层的神经元(图6.3)。不久以前,要使神经网络非常深是很困难的。这是由于神经网络中的"梯度消失"现象。在深度

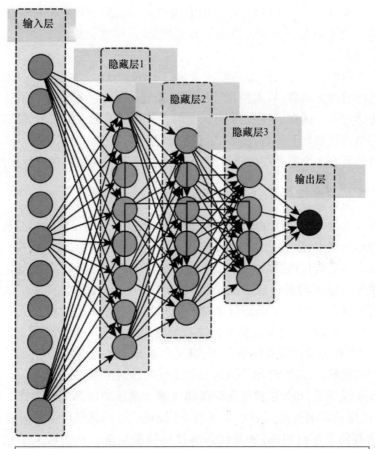

具有3个隐藏层的深度神经网络的块表示,输出层有一个节点(对于二元分类)

图 6.3　一个深度神经网络

学习中,为了每一层训练理想的权重,从最后一层开始,错误会逐层传播回来,以更新每层的权重。这些层的权重通过取损失函数的梯度进行优化/更新,以便可以沿着最小化损失的方向更新权重。通过移动到损失函数中的极小值来最小化损失,这个极小值可以通过沿着所计算的损失函数梯度的方向移动来达到。

这种训练方法称为"反向传播",是由于需要在网络中向后传播错误以找到梯度从而优化网络。导数的计算存在链式法则,因此反向传播算法是可行的。

例如第$(n-2)$层和最后一层(第n层)之间的梯度是$(n-1)$层和第n层之间的梯度以及$(n-2)$层和$(n-1)$层之间的梯度的乘积。如果网络很深,那么要将误差传播到起始层需要长时间的梯度乘法链。使用次优的激活函数,如 **Sigmoid** 和 **Tanh**(直到不久以前普遍使用的函数),会导致梯度计算结果的绝对值很小($\ll 1$),当不断与一系列类似小绝对值相乘时,梯度会趋近于零。这就是所谓的梯度消失效应。

被誉为深度学习之父的杰弗里·辛顿(Geoffrey Hinton)提出了一组克服梯度消失问题的激活函数,从而使得神经网络能够非常深。深度神经网络可以在不同层中学习多个函数,这些函数在组合时会产生非常强大的模型,使其能够处理复杂的结构化数据和代表视觉和语音的非结构化数据。这里的图 6.3 显示了一个类似的具有 3 个隐藏层的深度神经网络,用于对结构化数据进行预测。

6.2.1 深度神经网络中的前馈机制

在前面关于人工神经元的部分,我们介绍了单个神经元的激活过程。在前馈深度神经网络中,激活过程类似。在前馈深度神经网络中,信号仅在一个层中的神经元之间向前传播到后续层中的神经元。在 DNN 的隐藏层中,给定层中的所有神经元的输入与前一层中的所有神经元相连接(也称为稠密层或全连接层),它们的输出与下一层中的每个神经元相连接。输入中的神经元与输入数据中的特征一一映射(类似于扁平化层),而输出层具有一个节点用于回归或二元分类,或者在多项式分类的情况下,具有与数据中的类别数量相同的节点数。与输入层和隐藏层相比,输出层通常具有不同的激活函数。

图 6.4 说明了 DNN 层神经元的前向传递和激活的内部工作方式。在 DNN 中,给定层中的所有神经元都可能具有不同的权重,因此每层中所有神经元的所有权重都需要进行训练,从而使训练过程异常复杂。在稍后关于卷积神经网络的部分中,我们将学习一种机制,该机制可以在给定层中跨神经元共享权重,从而降低特别是用于处理空间相关输入数据(如图像)的网络的训练计算复杂度。

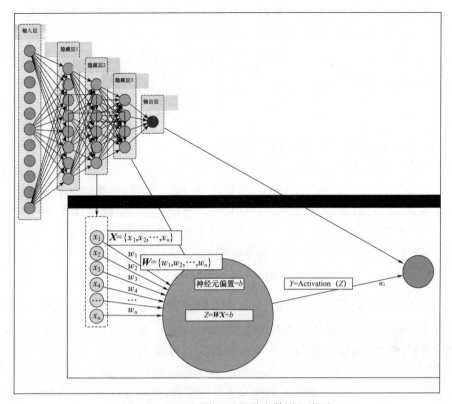

图 6.4　DNN 层神经元的前向传递和激活

6.3　深度学习中的架构注意事项

深度学习网络中层的类型和数量取决于具体使用的深度学习网络类型。其中一种类型的层,即卷积层,在下一部分中讨论。我们不会在此处讨论卷积或其他特殊类型网络架构要求的细节。在本节中,我们将讨论不同类型深度学习网络共享的常见考虑因素。

6.3.1　深度学习中的激活函数

正如前面关于人工神经元部分所讨论的,神经元需要一个激活函数来将神经元的加权输入"Z"转换为其输出。此外,在深度神经网络部分,我们讨论了激活函数的变化如何导致深度学习的成功并帮助神经网络扩展。因此,我们将简要讨论深度学习中使用的一些流行激活函数。

6.3.1.1　SoftMax 激活函数

在深度学习中用于分类的输出层中,输出层的神经元数量需要与数据中的类别数量相同。除了二分类只需要一个神经元且可以使用 Sigmoid 激活函数之外,大多数基于多项式分类的深度学习都以 SoftMax 激活函数作为输出层。Soft-Max 激活函数为每个考虑的类别提供了类概率,这些类概率在所有类别的概率之和上进行了缩放。

$$P(y = c \mid x) = \frac{e^{X^T w_j}}{\sum_{k=1}^{K} e^{X^T w_k}} \tag{6.1}$$

6.3.1.2 线性激活和恒等激活

与需要类别概率的分类问题不同,回归问题在输出层可能只需要一个神经元,并要求其输出一个相当于输出变量估计值的值。通常,这个值是手头数据的缩放表示,而不是它的绝对表示。在强化学习的情况下,估计价值函数是线性激活函数应该在输出层中使用的一个很好的例子。恒等激活函数如式(6.2)所示。将缩放和偏置因子加到恒等函数中得到线性激活函数。

$$\text{Identity}(x) = \sum_i x_i w_i \tag{6.2}$$

6.3.1.3 修正线性单元(ReLU)和变种

前面提到的两种激活函数在输出层中非常重要。现在我们将讨论用于输入和隐藏层的激活函数。我们在本章前面讨论过梯度消失问题。修正线性单元(或者叫作 ReLU)是由 Geoffrey Hinton 提出来解决这个问题的。其函数如下所示(式(6.3))。之后,其他研究者提出了一些变种,比如式(6.4)中的 Leaky ReLU、随机 Leaky ReLU 和参数化 Leaky ReLU 等。许多应用,特别是我们接下来将要讨论的卷积神经网络,在输入/隐藏层中使用某种形式的 ReLU 激活函数。

$$\text{ReLU}(x) = \max(0, x) \tag{6.3}$$

$$\text{Leaky ReLU}(x) = \begin{cases} ax, & x < 0 \\ x, & x \geq 0 \end{cases} \tag{6.4}$$

6.3.1.4 指数线性单元(ELU)

尽管 ReLU 激活函数解决了梯度消失问题以及与非活跃或死亡神经元相关的一些其他问题,但它本身也存在一个问题,称为"均值漂移"。由于 ReLU 激活函数的输出倾向于正数,它们的均值不是以零为中心,这会在网络训练中造成问题。可以通过在层之间使用"批标准化(Batch Normalization)"来解决这个问题。我们已经在本书后面的深度确定性策略梯度(DDPG)上下文中讨论了批标准化的这种增强方法。DDPG 大多数是使用 ReLU 的 CNN,因此需要批标准化。另一种解决"均值漂移"问题的方法是将输入/隐藏层中的 ReLU 激活替换为指数线性单元(Exponential Linear Unit,ELU)激活函数。ELU 定义如下所示:

$$\text{ELU}(x) = \begin{cases} x, & x > 0 \\ \alpha(\exp(x) - 1), & x \leq 0 \end{cases} \tag{6.5}$$

6.3.2 深度学习中的损失函数

在训练神经网络时,我们需要通过反向传播将误差传递回来以优化每个层的权重/超参数。损失/误差是由损失函数计算的,该函数将实际值和预测值作为输入并输出损失。损失函数通常分为两类,即 L2 损失(基于实际值和预测值之间差的平方)和 L1 损失(基于实际值和预测值之间差的绝对值)。基于 L2 的损失函数提供了一个连续可微的函数,并且在数学上很容易优化,而 L1 损失稳健性更好,受到一些异常值的影响不大。

除了实际预测值之间绝对差和平方差之间的差异(L1 和 L2 损失)之外,在计算中进行的一些其他更改可以帮助处理不同类型的情况。下面给出了不同类型的损失函数列表以及它们的 L1 和 L2 变体(适用的地方),如式(6.6)所示。用于分类问题的交叉熵损失和用于回归问题的 L2 均方误差(MSE)非常受欢迎。

L2 损失:$\|y_j - \hat{y}_j\|^2$

L1 损失:$\|y_j - \hat{y}_j\|$

正则化 L1 损失:$\|y_j - \hat{y}_j\| + \lambda \sum_i w_i$

合页损失:$\sum_j \max(0, 1 - \hat{y}_j y_j)$

平方形式的合页损失:$\sum_j \max(0, 1 - \hat{y}_j y_j)^2$ (6.6)

交叉熵损失:$-\sum_j y_j \lg \hat{y}_j$

平方对数损失:$-\sum_j [y_j \lg \hat{y}_j]^2$

6.3.3 深度学习中的优化器

深度学习中损失函数的作用是选择理想的权重/超参数组合,以优化/最小化损失。理论上,这是通过找到损失函数的梯度来完成的,如果损失函数的形状是凸的(向原点弯曲的最小值),那么朝着损失函数梯度的方向更新权重将使我们到达损失函数的一个最小值(可能是局部最小值而不是全局最小值)。

但实际上,与一些机器学习问题相比,深度学习中这并不简单,这主要是由于参数空间的高基数(或超参数的数量)和需要优化函数的复杂性。在梯度超空间中训练时会遇到各种问题,例如被卡在局部最小值、峡谷和鞍点中。良好的优化器除了要高效快速之外,还需要对这些问题具有稳健性。深度学习中一些流行的优化器包括 RMSProp 和 ADAM(自适应矩估计)。本书不会详细介绍这些优化器的内部工作原理,也不会全面覆盖其他优化器。读者可以通过参考文献和相关文本来深入了解这些内容。

6.4 卷积神经网络——用于视觉深度学习

卷积神经网络(CNN)是一种非常特殊的多层深度神经网络。CNN旨在通过最少的处理直接从图像中识别视觉模式。图6.5展示了该网络的图形表示。

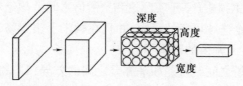

图6.5 CNN的图形表示(源自Sewak et al. Practical CNN)

与可以表示为特征向量的结构化数据不同,图像通常表示为由实数组成的三维矩阵。这三个维度表示图像的宽度、高度和颜色通道(深度)。输入矩阵中,每个单元格中的值代表该位置对应的图像像素的强度(或亮度)在给定颜色通道上的值。因此,本质上,图像是一种函数,将RGB强度的二维像素映射转换为具有单个颜色强度表示为第三维的三维图像映射。

图像,特别是高分辨率图像,是一种复杂的数据结构。如果我们尝试使用类似于本书中所介绍的前馈DNN来建模和处理这样高维度的数据,那么它将需要非常大和非常深的神经网络,需要训练数十亿量级的独立权重,使图像处理成为一个非常不合理的和计算上复杂的任务。幸运的是,图像表示空间相关的数据。这意味着在图像空间上共存的像素的强度值非常相似(相关),它们之间的信息变化逐渐发生。这个方面可以用来减少深度学习网络对图像的处理负担。这就是卷积神经网络优于多层感知器(MLP)型深度神经网络(MLP-DNN)的地方。

CNN和MLP-DNN一样,有一个输入层。但是,这不是一个一维向量/张量。相反,输入模拟图像的维度(带有表示样本索引的附加维度),以保持像素数据的空间完整性。因此,对于一个三维图像,CNN的输入是一个四维张量(多维数组),其中张量的三个维度表示图像的三个维度,每个维度的基数与图像相同(宽度×高度×颜色通道),第四个维度表示用于在小批量/批量环境下训练的图像实例。图像,特别是高分辨率的图像,经常被缩放,并调整(或减少)颜色通道以与模型兼容。

在输入层和输出层之间,有3种不同类型的隐藏层,这些隐藏层组成了卷积神经网络。这些层分别是卷积层、池化层和全连接层。CNN网络(图6.6)可以有多个这些类型的层的实例,按特定顺序排列,使卷积层和池化层交替出现,然后是所有的全连接层,直到最后一个全连接层连接到输出层。这些层的简要描述如下。

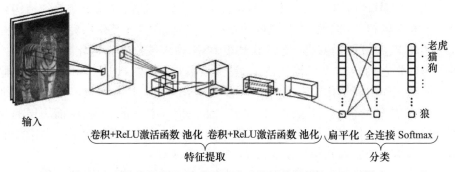

图 6.6 带有卷积层、池化层和全连接层的说明性 CNN 网络

6.4.1 卷积层

CNN 中的"Convolutional"一词是指它使用的卷积层,而该层又是以数学中的卷积函数命名的。在数学中,卷积是对两个函数进行的一种数学运算,它产生第三个函数,即其中一个原始函数的修改(卷积)版本。所得到的函数给出了两个原始函数点乘积分的函数,其中一个原始函数被平移。卷积层实际上使用的是十分相似的交叉相关操作。

每个卷积层的输出都是一组称为特征映射的对象,每个映射由单个卷积核滤波器生成。然后可以使用特征映射来定义下一层的新输入。每个卷积层可以具有不同数量的卷积核滤波器。

6.4.2 池化层

由于图像数据高度相关,因此为了有效计算,可以压缩这些数据以保留其中的最大信息。这也适用于从每个卷积层生成的每个卷积映射。将输入大小缩小到任何后续卷积层可能会显著减少计算负载,这就是池化层的作用。

池化层通常放置在卷积层之后,例如在两个卷积层之间。池化层扩展到来自前一个卷积层生成的卷积映射的 $m \times n$ 维子区域,然后在卷积映射的宽度和深度上跨越步幅(使用某些步幅值),以覆盖整个映射。然后,从每个步幅中选择单个代表值,使用最大池化或平均池化技术,从而减小输出,以进一步减少下一个卷积层的计算复杂度。池化层通常独立地处理每个输入通道/卷积映射。因此,池化层的输出深度与其输入深度相同,仅每个卷积映射的高度和宽度在池化后发生变化。

6.4.3 扁平化层和全连接层

到目前为止,正如我们所讨论的,卷积神经网络(CNN)中的输入层和其后的所有层，虽然由与 MLP-DNN 中相同的人工神经元组成，但在结构、组成和工作方式上与 MLP-DNN 中的有很大不同。这是因为我们需要一个有效的结构来从空间相关数据（如图像）中生成好的特征。但是，在这些特殊层完成其工作并将有用的信息从图像转换为类似于 MLP-DNN 输入数据的结构化数据格式后，我们可以将它们转换为单维度的向量/张量数据，类似于常规 MLP-DNN 的输入。这项工作由扁平化层完成。扁平化/扁平化层的神经元数与其之前的多维 CNN/池化层中的神经元总数相同，并提供了一个一对一的映射，将前一层的神经元映射到扁平化层的神经元，将数据结构从多维变为单维（除了一个附加的数据样本索引维度外），类似于 MLP-DNN 的输入层。

连接到扁平化层的是一系列一个或多个全连接层。这些层的工作方式与 MLP-DNN 的隐藏层完全相同，每个神经元都从其前一层的每个神经元接收输入。此外，任何全连接层中每个神经元的输出都连接到其下一层中的所有神经元的输入，这就是它被称为全连接层的原因。最后一个全连接层连接到输出层，这在大多数情况下可以是 SoftMax 激活的分类层，其节点数量与输入图像数据中的类别数量相同。在 DQN 和其他强化学习的情况下，最后一个全连接层可以连接到一个线性激活的单输出节点，用于预测/估计函数的值（状态 – 价值、行动 – 价值、优势）。

在某些情况下，需要输出两个不同的预测结果，但它们共享输入图像（观察）的所有基本信息，因此在扁平化层之后的全连接层可以开始分成两个不同的网络，要么就在扁平化层之后，要么在扁平化层之后的某些公共全连接层之后。因此，形成的两组全连接网络都以其各自独立的输出层结束，对应于需要从该复合网络预测的两个不同输出。在强化学习的情况下，竞争 DQN 网络和一些高级的基于深度学习的演员 – 评论家模型是这种架构的很好示例，我们将在后面的章节中进行研究。

6.5 小结

深度学习是机器学习的一个非常重要的增强手段。深度学习赋予了我们开发处理视觉、语音和许多其他复杂输入的类似人类智能系统的基本能力。从赋能现代目标检测器到实现神经机器翻译，深度学习是现代机器学习的趋势。深度学习与强化学习的结合提供了设计深度强化学习代理所需的基本元素，使我们更接近通用人工智能的概念。

我们讨论了单个人工神经元（如 MLP）的工作原理，以及它如何使用激活函数将其输入转换为输出。然后，我们讨论了这些神经元网络（称为人工神经网络）的组合，包括仅有一个隐藏层的情况，以及为什么这些 ANN 不能像现代基于深度学习的网络一样受欢迎。

接着,我们讨论了解决梯度消失问题的方案,这使得现代深度学习有了进一步发展。我们讨论了深度学习网络,尤其是前馈类型网络如何在前向传播中产生输出,并使用一种称为反向传播的机制来优化损失函数。我们还讨论了一些重要的架构考虑因素,例如可用的激活函数、损失函数和优化器,以设计出功能强大的深度学习网络。

除了基于 MLP 的 DNN 之外,本章还介绍了 CNN,因为强化学习文献中涉及的许多智能体/算法需要处理游戏源和视频数据,需要使用深度学习处理图像。我们介绍了 CNN 的架构和结构与 MLP-DNN 的主要区别。我们还介绍了卷积层、池化层(具有步长和填充机制)、扁平化层和全连接层在 CNN 中的作用。我们还讨论了如何设计一些高级网络以同时预测多个函数(逼近器),正如我们将在本书稍后讨论的竞争 DQN 等算法中所实现的那样。

第 7 章　可运用的资源：训练环境和智能体实现库

摘要　在本章中，我们将讨论一些可用于轻松构建自己的强化学习 Agent（智能体）的资源，或者用最少的代码实现一个智能体。我们还将介绍一些标准化的环境、平台和社区，人们可以根据这些环境、平台和社区来评估自定义的智能体在不同类型的强化学习任务和挑战中的表现。

7.1　你并不孤单

通常，在开始一段新旅程时，尤其是在一条人迹罕至的道路上，最大的困境就是持续担心可能很难得到帮助。许多爱好旅行者甚至在经过一番挣扎后中途离开。但是，任何旅程都不能仅仅通过思考、欣赏目的地或阅读有关所需技能的书籍来完成。一个人必须采取实际步骤来完成它。但通常，第一步是最困难的，也是最令人生畏的。本书除了涵盖深度强化学习领域的充分理论和最新研究进展之外，也希望在您的实际应用中帮助您掌握这些有用的技能。我们向读者保证，并让他们知道自己并不孤单，因为有大量的资源可以帮助他们实现最前沿的深度强化学习算法。

现代，深度强化学习并不是一门非常古老的科学，它正在走向成熟并在最近获得了很多欢迎。磨炼一项许多人都不具备的技能可能是非常有益的，但与此同时，获得该技能的熟练程度可能很困难，特别是如果没有太多标准化的可用资源来测试您的实现，或从那里获得新鲜的想法，或在您遇到困难或需要帮助时向社区寻求帮助。本章旨在介绍一些资源，这些资源可以帮助您根据新想法创建自己的智能体，或者在自定义环境中试验已经实现的智能体，或者根据一些标准化基准测试对现有智能体进行改进的效果。由于强化学习是一个非常积极成熟的实践，这些资源可能会随着时间的推移而过时，而新的资源会出现。此外，我们可能会错过一些其他人发现有用的好资源。因此，本章所涵盖的资源更多是从参考的角度而不是从比较或认可的角度来介绍的。

本章分为两个子部分：第一个涵盖了一些标准化的强化学习工作台和环境，可以用来测试我们的智能体；第二个涉及我们可以用来轻松编码智能体的工具。

在本书的大部分章节中,我们将编写自己的智能体代码,而编写使智能体生效的代码是一个艰难的过程。这样做的目的是为了让读者能够适应从头开始编写智能体(如果需要的话)的想法。但是,如果某人的主要目的只是将他们的应用程序转换成一个可以应用强化学习的场景,而不一定是编码一种新型的智能体,那么现有的许多强化特定数学库的实现和智能体的完整实现都可以用于快速启动。

所以理想情况下,这些资源可以通过5种不同的方式帮助读者。第一,刚开始使用并希望了解不同类型实现的最新技术的用户准备。对于这样的用户,可以为不同的标准化环境提供可用的基线智能体。用户只需下载智能体和环境的代码并对其进行测试。第二,如果有人只是想增强现有的模型,可能会改变底层的深度学习模型或应用一些额外的转换或优化器等,并测试他们的修改的表现如何,那么一些标准化环境的社区会发布最高分数,用户可以运行他们的自定义智能体并比较分数。第三,想要实现一个全新智能体的用户,并且想要一些数学抽象的抽象实现,如自动微分等,以简化他们的开发。对于这些用户,可以使用强大而灵活的库来提供特定于增强的数学的抽象实现。第四,如果用户在自己特定的领域内拥有自己的环境(或数据),就像第3章中的"网格世界"问题,并希望快速且容易地实现多种类型的标准化的智能体,以至于仅通过几行代码来实现这些智能体在自己的环境中运行,那么他们可以尝试很多提供多样的标准化智能体的库。第五,如果这些标准化的智能体都不能解决一个人的定制问题,而有人需要其他研究人员的帮助和想法,他们可以为自己的特定问题开发新的和先进的智能体,那么也可以向社区提交一个个人环境,这不仅有助于用新的想法解决问题,甚至可能产生新的算法流。

7.2　标准化的训练环境和平台

在本节中,我们将讨论一些可用于测试自己的智能体的计划、平台和环境,并提供一个由志同道合的研究人员组成的充满活力的社区,以分享想法和实现。强化学习领域的许多新研究都源于制作一个智能体,与现有技术中的智能体在类似任务/环境中相比,它在这些标准化问题上表现得非常好。这些资源的所有链接都可以在"参考资料"部分找到。

7.2.1　OpenAI Universe 和 Retro

OpenAI Universe(已经被 Retro 取而代之)以及相关的 Gym 项目是最受强化的学习研究人员、专业人员或爱好者喜欢和感兴趣的资源之一。OpenAI Universe 本质上是一个用户可以提交到社区的自定义环境的集合,而 OpenAI Gym

则是这些提交的环境的接口,用于训练,就像人类玩电子游戏一样。

通过 Universe,即使用户不想提交环境的实际代码,Universe 也可以生成一个 Docker 容器,捕捉输入控制并发送视频或其他输出以模拟强化学习环境。

现在,OpenAI Universe 已经被 Retro 取而代之。Retro 是一个包装了视频游戏模拟器核心的库,使用 Liberto API 将其转换为 Gym 环境。它支持流行的视频游戏系统,如 Atari、Sega、Nintendo 和 NEC。

7.2.2　OpenAI Gym

OpenAI Gym 是迄今为止最受欢迎的工具包,适用于强化学习爱好者和实施者。正如上面所讨论的,Gym 提供了与不同类型环境的接口,这些环境不仅包括使用 Universe 或 Retro 仿真的视频游戏环境,还包括具有不同类型挑战和不同应用领域的各种环境。

Gym 环境包括多个环境组,例如:Atari2600 游戏环境用于 Atari 视频游戏、Box2D 用于 6 种不同类型的连续控制 Box2D 模拟器游戏、Classic Control 用于 5 种不同类型的控制环境(这些环境在经典强化学习文献中有所讨论)、MuJoCo 用于运行在快速物理模拟器中的 10 种不同类型的连续控制任务、Robotics 用于 8 种不同类型的机器人手臂模拟器任务,以及 ToyText 用于 8 种不同类型的简单文本环境。

在讨论如何创建自定义环境时,我们已经讨论了 Gym 标准环境的规范和重要的内部属性和方法。如果您的自定义环境符合这些指南,Gym 还提供了一个"注册表"机制,以便您可以将自己的环境注册到 Gym 库中。

7.2.3　Deep Mind 实验室

谷歌的 Deep Mind 实验室研究强化学习的 2 个方面。一个是关于创造新的智能体,根据我们在本书中所涵盖的许多最近的文献,我们已经意识到这一点。另一个是关于训练智能体的强大环境。Deep Mind 实验室提供了一个先进的 3D 环境,可以渲染先进的科幻场景,如用丰富的视觉效果来训练智能体。这些环境中不同类型的任务旨在为通用人工智能提供不同的挑战,从而实现训练智能体的目的。

7.2.4　Deep Mind 控制套件

Deep Mind 控制套件与 OpenAI Gym 一样,为 MuJoCo 的连续控制环境提供了训练环境。该套件是用 Python 编写的,可以定制,包括基于 MuJoCo 物理引擎的自定义任务实现。

7.2.5 微软的 Malmo 项目

Malmo 是微软的一个项目，旨在促进人工智能领域的研究。它基于微软流行的视频游戏《我的世界》。它是用 Java 编写的，但智能体可以用任何流行语言编程，并在包括 Windows、Linux 和 Mac 在内的多个平台上运行。

7.2.6 Garage

"RLlab"曾经是一个非常受欢迎的强化学习资源平台。但它现在已被弃用，不再处于积极开发中。相反，它让位于一个由研究人员联盟领导的名为 Garage 的项目。Garage 基于 Python 3.5，并提供了与 OpenAI 兼容的标准化智能体和环境。Garage 还支持 AWS EC2 基于集群的智能体部署。

7.3 Agent 开发与实现库

本节将介绍一些有助于开发或实现强化学习智能体的库。Python 是最具活力和最受欢迎的强化学习编程平台之一，因此我们将主要介绍基于 Python 的库。但是在其他一些平台上也有一些库，比如在 MATLAB（例如 Sutton）和 Java（例如 BURLAP 和 rl4j）中实现的库，鼓励感兴趣的读者探索。

7.3.1 Deep Mind 的 TRFL

在这本书中，我们直接在 TensorFlow 这样的平台上工作，或者在 Keras 这样的包装器上开发代码，但有时，智能体可能会过多地涉及数学，直接编写低级数学代码可能不是一个很好的体验。在这种场景下，Deep Mind 的 TRFL 提供数学和其他类型的构建块以帮助开发自定义智能体的库。TRFL 本身是构建在 TensorFlow 之上的，就像本节中的其他库一样。

7.3.2 OpenAI 基线

OpenAI 基线项目为研究界提供了一些非常好的强化学习智能体的实现，其目的不仅是为许多类型的智能体的实现提供算法基线，而且还提供了新的实现思想。

7.3.3 Keras-RL

Keras 是 TensorFlow 和其他一些深度学习平台的高级封装，Keras-RL 是一个非常流行且易于使用的强化学习平台，它提供了多种类型智能体的可定制实例，以及与 OpenAI Gym 环境兼容的环境类。

7.3.4 Coach(神经系统)

Coach 旨在提供一系列详尽的不同类型的强化学习资源,包括智能体、环境、神经网络架构、策略等,这些资源可以单独使用、定制和改进。Coach 还提供了水平分布多个智能体实现的功能,以及一个仪表板系统来可视化智能体的性能。

7.3.5 RLlib

RLlib 既提供了智能体的实现,也提供了一些原语来构建自己的智能体。它还为 TensorFlow 和 Torch 提供了预处理器,并支持自定义预处理器。除了 QMIX 和 IMPALA 这样的分布式和多智能体实现以外,它还提供了优先级经验重放的分布式实现。

第8章 深度 Q 网络、双 DQN 和竞争 DQN

摘要 在本章中,我们将迈出基于深度学习的强化学习的第一步。我们将讨论非常流行的深度 Q 网络(Deep Q Networks,DQN)及其非常强大的变体,如双 DQN(Double DQN)和竞争 DQN(Dueling DQN)。人们已经对这些模型进行了大量工作,这些模型构成了一些非常流行的应用程序(如 AlphaGo)的基础。我们还将在本章中介绍通用人工智能的概念,并讨论这些模型如何有助于激发通过深度强化学习模型应用实现通用人工智能的希望。

8.1 通用人工智能

到目前为止,我们研究的强化学习智能体可能被认为属于人工智能智能体的范畴。但是除了人工智能之外还有什么东西吗?在第 1 章讨论什么可以称为真正的"智能"时,我们偶然发现了"类人"行为作为评估"智能"程度的基准的想法。让我们花点时间讨论一下人类的智能或类人智能的能力。

为了让所有读者都能理解,我们再次以游戏(图 8.1)为主题进行讨论。自 20 世纪 80 年代以来,很多人可能已经在玩"马里奥"等视频游戏,然后尝试了一些流行的 FPS(第一人称射击)游戏,比如"半条命",接着是"街机"类型的游戏,比如"反恐精英",现在则沉迷于更流行的"大逃杀"类型的游戏,比如"绝地求生"和"堡垒之夜"。即使是从一个游戏转到另一个游戏,有时甚至同时沉迷于多个游戏,也可能需要一个人一天或一周的时间才能获得相当熟练的水平。作为人类,即使是狂热的游戏爱好者,我们也会做很多其他事情,并且我们可以在所有这些事情上使用相同的"思维"和"智能"获得越来越好的熟练度。这种单一架构和模型的智能可以用来学习不同的看似不相关的问题的概念被称为"通用人工智能"。

直到最近,强化学习智能体都是人工制作和调整的,以执行个别和特定的任务。例如,我们可能有各种学者尝试创造创新的智能体和机制,以在"纸牌屋"游戏中获得更好的表现。最近,随着 AI gym 和其他一些倡议向强化学习学者和爱好者开放其平台,让他们在公开的标准环境下(以标准化问题的形式)工作,并将他们的结果和改进在社区分享,已经有数篇论文和非正式竞赛,研究人员和

图 8.1　视频游戏

学者试图提出创新的算法和其他改进,以在特定的强化学习环境中产生更好的得分/奖励。因此,从智能体的一个演变到另一个演变,强化学习智能体和使它们更强大的算法在执行特定任务方面不断得到改进。这些特定任务可能涵盖从解决"AI Gym"特定环境,如玩"纸牌屋",到平衡"推车杆"等问题。但是,"通用人工智能"的概念仍然难以实现。

现在随着"深度强化学习"的发展,情况正在发生变化。正如我们在早期章节中讨论的那样,"深度学习"具有从数据中智能地自我提取重要特征的能力,而无须人类/专家参与为它们手工制作特定领域的特征。当我们将这种能力与强化学习的自我行动能力相结合时,我们就更接近实现"通用人工智能"的想法了。

8.2　Google"Deep Mind"和"AlphaGo"简介

Google 旗下的"Deep Mind"研究人员("Deep Mind"曾被 Google 收购)开发了一种名为 Deep Q Network(DQN)的算法,我们将在本章中详细讨论。Deep Mind 的研究人员将 Q-Learning 算法与深度学习中的思想相结合,实现了 Deep Q Network 的概念。一个单一的 DQN 程序可以自主学习如何玩 49 种不同的游戏,并且在大多数游戏中表现优异,甚至在大多数游戏中击败了最好的人类对手,如图 8.2 所示。

类似于 DQN 的算法也驱动了"Deep Mind"著名的"AlphaGo"程序。AlphaGo 是第一个能够持续并多次打败人类对手的程序。对于不熟悉围棋的读者,如果他们理解"国际象棋",那么为了比较,将"国际象棋"看作是挑战人类智能、规划和策略能力的游戏,在这方面,围棋被认为是更高难度的游戏。众所周知,围棋中可能的走法数量甚至超过整个宇宙中的原子数量,因此在这个游戏中表现出色需要很强的人类智能、思考和规划能力。

通过一个深度强化学习智能体,在这些游戏中持续地击败最好的人类对手,

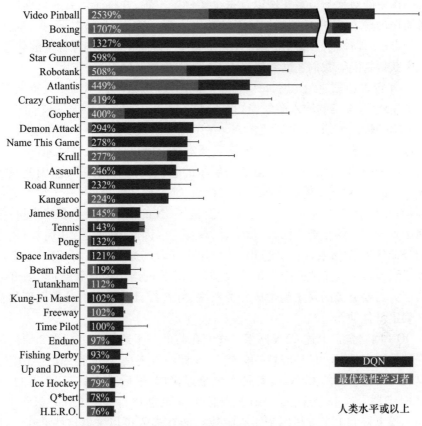

图 8.2 对于 DQN 表现优于人类玩家的游戏，DQN 与人类玩家的归一化性能
（参考 DQN-Nature-Paper）

并且通过使用标准化的游戏/环境进行多个比较研究的结果，许多类似的深度强化学习算法在至少 49 个其他游戏实例中持续地击败它们各自的人类对手，我们可以假设在"深度强化学习"领域的进展正在将我们带向前面所描述的"通用人工智能"的概念。

8.3　DQN 算法

　　DQN（Deep Q Networks）中的"Deep"一词指的是在 DQN 中使用"深度""卷积神经网络"（CNN）。卷积神经网络是深度学习架构，受人类视觉皮层区域工作方式的启发，以理解传感器（眼睛）接收到的图像。我们在第 1 章中讨论状态表述时提到，对于图像/视觉输入，状态可以是人工抽象的，也可以使智能体足够智能，以理解这些状态。在前一种情况下，将训练一个单独的人工定义算法，以理解图像中的对象与特定实例以及每个实例的位置,并将简化后的数据提供给智能体作为输入,以形成智能体所需的简化状态。在后一种情况下,我们还讨论了一种方法,即使我们的强化学习智能体能够自行简化原始图像像素的状态,以便从中获得智能。我们还简要讨论了 CNN(卷积神经网络)的作用。

CNN 包含卷积神经元层,每层中有不同的核(函数),以不同步长覆盖图像。当一个 $3 \times N \times N$ 维的输入图像(这里 $3 \times N \times N$ 维的输入意味着一个带有 3 个颜色通道的输入图像,每个通道由 $N \times N$ 个像素组成)通过一个卷积层时,每个通道可能产生多个比 $N \times N$ 大小的输入像素更低维度的卷积映射,但每个结果映射使用相同的卷积核权值。由于一层中的卷积核权值保持不变,因此只需要优化单个向量,对于从图像中提取关键特征,CNN 比任何 MLP(基于深度神经网络)具有相似准确度的对应物更有效。但是,CNN 的输出是一个多维张量,不利于馈送到任何后续分类或回归(值估计)模型中。因此,在馈送到(通常)用于分类的"SoftMax"激活层或(一般)用于回归的"Linear"激活层之前,CNN 的最后一个卷积层连接到一个或多个平坦层(类似于 DNN 网络中的隐藏层)。"SoftMax"激活层为需要分类的每个类生成分类概率,并选择具有最高的分类概率的输出类来确定最佳动作。

DQN 网络包含上述 CNN 网络。我们在前面关于通用人工智能介绍的部分中提到的特定 DQN 可以同时对 49 个 Atari 标题表现良好,它使用的架构包含 1 个具有 2 个卷积层的 CNN,接着是 2 个全连接层,最后进入具有 18 类的"Soft-Max"分类器。这 18 类代表 Atari 控制器中可能的 18 个动作(Atari 只有 1 个 8 方向的操纵杆和 1 个按钮用于所有游戏),游戏输入可以采取这些动作。这 18 个类(在 Deep Mind 为 Atari 使用的特定 DQN 中使用)是 Do-Nothing(即什么都不做),然后是 8 个代表操纵杆 8 个方向的类(向上走 Move-Straight-Up,向右上对角线走 Move-Diagonal-Right-UP,向右走 Move-Straight-Right,向右下对角线走 Move-Diagonal-Right-Down,向下走 Move-Straight-Down,向左下对角线走 Move-Diagonal-Left-Down,向左走 Move-Straight-Left,向左上对角线走 Move-Diagonal-Left-Up),按下按钮(独立于移动),然后是另外 8 个动作,对应于同时按下按钮并进行操纵杆移动。

每次智能体需要执行的实例(这些动作实例可能不完全对应每一步,我们将在后面讨论)中,智能体选择其中一个动作(请注意,Do-Nothing 也是其中一个动作)。图 8.3 显示了深度学习模型的说明性架构,最终生成所需的 18 个动作类。

本书的动机是帮助用户创建自己的实际强化学习智能体。由于基于 Atari 的智能体可能不适用于其他应用,因此我们需要根据特定用例和领域更改 CNN 配置和输出层结构。

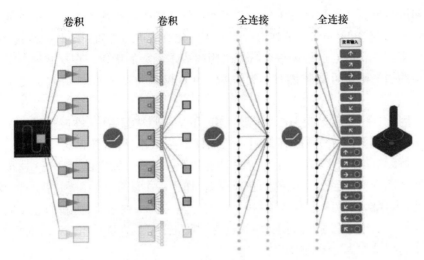

图 8.3　DQN CNN 示意图(参考 DQN-Nature-Paper)

Atari 提供了 60 FPS 的视频输出。这意味着每秒游戏会生成并显示/发送 60 张图像作为输入。这是我们可以将其用作状态输入的信号。使用原始图像像素并直接处理所有连续帧来训练 Q 学习网络的一个缺点是,网络训练可能不太稳定。不仅训练可能需要很长时间才能收敛,而且有时损失函数可能会发散或陷入不规则的振荡。为了克服这些挑战,处理高帧率、高维度、具有相关性的图像数据时,DQN 必须实现以下 3 个增强功能,以确保下降收敛和实际应用。

8.3.1　经验回放

在我们讨论"经验回放(Experience Replay)"增强之前,了解"经验轨迹(Experience Trail)"的概念非常重要。在第 4 章中,当我们讨论 Q 学习时,我们将(状态,行动,奖励,下一个状态)四元组称为训练 Q 学习的行动-价值/Q 函数的"经验"数据实例。在"经验轨迹"中,"经验"一词恰好是相同的经验实例,即(状态,行动,奖励,下一个状态)缩写形式下的 (s,a,r,s') 元组。现在让我们更详细地讨论收敛问题,以了解为什么需要这些经验实例的"轨迹",正如我们在早期的部分中简要提到的那样。

当我们将图形输入作为强化学习智能体的输入时,我们会快速地获取许多原始像素帧。由于这些帧是按顺序排列的,因此这些连续的输入帧之间会有非常高的相关性。在训练过程中,Q 函数值的更新对算法遇到特定经验实例的次数非常敏感。在基本的 Q 学习算法中,行动-价值/Q 函数在每一步中更新。虽然我们将在后面的子节中了解到,在 DQN 中,出于同样的原因,这种缺陷也得到了轻微的改进。连续看到非常相似的经验实例会导致 Q 网络的权重朝着特定方向进行更新。这种训练中的偏差可能会导致损失函数超参数空间中形成局部"峡谷"。这样的"峡谷"很难通过简单的优化算法进行处理，因此从多个相似的经验实例中获取的这种偏差会减慢或阻碍成本函数的优化。在这些挑战下优化这样的损失函数可能很困难，训练这样的 Q 网络可能需要使用非常复杂的优化器。

因此，在"经验轨迹"中，"经验元组"不是按照从源系统（在我们的情况下是 Atari 处理器）生成的顺序直接用于智能体训练。相反，从源系统生成的所有经验实例元组都被收集在一个存储缓冲区中（通常具有固定的大小）。这个存储缓冲区随着新的经验实例的到来而更新，作为一个队列，按照先进先出的顺序。因此，当存储缓冲区达到其限制时，旧的经验实例将被删除，为新的经验实例腾出空间。从这个经验实例池/缓冲区中，随机选择"经验元组"来训练智能体。这个过程被称为"经验回放"。

"经验回放"不仅解决了我们之前讨论的使用并发序列进行 Q 网络训练时出现的问题，还通过随机抽取仅来自并发序列中的少数帧限制了相似帧问题。

8.3.1.1 优先级经验回放

"优先级经验回放"（Prioritized Experience Replay）是对基于经验回放的强化学习算法的改进，原始的 DQN 算法在 49 个 Atari 游戏中胜过了人类玩家。在使用"优先级经验回放"的 DQN 算法中，该算法在 49 个游戏中有 41 个游戏超越了原始的 DQN 算法使用的"均等"经验回放方法。

在之前介绍的基本"经验回放"增强方法中，我们学到"所有"的经验实例都按照接收的顺序存储在经验池中。这些缓冲的经验实例是"随机"选取进行训练的。正如其名称所示，"优先级经验回放"会在经验回放过程中使用某种优先级。

从经验池中优先选择经验实例有两种模式。第一种模式是"优先考虑"从源系统接收到的输入经验实例，并将其存储在经验池中，以便随机选择进行"回放"。第二种模式是在从源系统生成所有经验实例的同时缓冲它们，并优先选择从这个未优先处理的存储中回访特定的经验实例。

在"优先级经验回放"中，我们选择使用第二种模式进行优先处理。在我们将优先处理模式确定为未优先处理的经验轨迹之后，第二个需要决策的方面是确定用于优先处理经验实例的具体标准。为此，"优先级经验回放"算法使用时间差分误差"δ"作为优先处理后续迭代训练中特定经验实例的标准。因此，相对于原始的"均等"经验回放中每个经验实例有相同的被选择概率，"优先级经验回放"这一变体可以对产生较大 TD 误差"δ"的经验实例样本进行优先选择。

因此,给定经验元组被选中的概率可以表示为:

$$p_i = |\delta_i| + e \tag{8.1}$$

式中:e 是一个添加的常数,避免在经验池中任何可用样本的概率为零。上述公式的一个问题是,虽然这种优先处理方法在训练的初始阶段很好,但是在晚期,当智能体主要从某些特定的经验中重复学习时,它会对这些经验实例产生偏见。这导致智能体的模型和相关细节出现过拟合。为避免这种问题,在上述公式中稍微修改,并对其应用随机公式增加一些随机性,避免完全贪婪的解决方案。具体实现如下:

$$P_i = \frac{p_i^\alpha}{\sum_k p_k^\alpha} \tag{8.2}$$

在式(8.2)中,确定特定经验实例采样概率的过程可以受到控制。我们可以将特定经验实例的采样概率定义为从一个采样过程中生成的采样概率,该采样过程范围为纯随机到纯贪婪到两者之间的任何过程。这种控制被定义为参数,该参数是在先前的公式中定义的转移优先级的比率,规范化为所有转移优先级,每个优先级都升高到"α"的幂。这里,"α"是一个常数,它确定采样过程的贪婪程度。α 可以设置为 0 和 1 之间的任何值。当 α = 0 时,表示没有优先级处理,效果类似于均匀采样,导致的结果类似于原始的未优先处理的经验回放算法。相反,当 α = 1 时,将类似于极端优先级的经验回放,对于整个训练中具有大 TD 误差的样本和相关偏差,就像我们之前讨论的那样。

8.3.1.2 跳帧策略

为了解决上述因训练过程中频繁出现多个连续相似帧而导致的偏差问题,进一步优化的方法是不将每秒生成的 60 帧图像全部用于训练。在针对"Atari"训练的 DQN 中,将连续的 4 帧组合成一个状态的相关数据。这也减少了计算成本,而不会损失太多信息。假设游戏是为人类反应时间之间的关键事件而设计的,如果以 60 帧/s 的频率进行处理,每一帧都会有很强的相关性。每 60 帧中的 4 帧并不是固定的。在实际应用中,这个数字可以根据特定用例的需求和连续帧之间的输入频率和相关性进行调整。

8.3.2 附加目标 Q 网络

深度 Q 网络相较于基本的 Q 学习算法的一个重大改变是引入了新的"目标 Q 网络"。在第 4 章中讨论 Q 学习时,我们将式(4.7)中的"$(r + \gamma \max_{a'}(Q_{(s',a')})$"称为"目标"。下面是完整的方程式,供参考:

$$Q_{(s,a)} = (1-\alpha)Q_{(s,a)} + \alpha(r + \gamma \max_{a'} Q_{(s',a')})$$

因此,在这个式中,Q 函数 $Q_{(s,a)}$ 被引用了 2 次,每次引用都有不同的目的。

第一次引用,即$(1-\alpha)Q_{(s,a)}$,主要是为了检索当前状态－动作值,以便更新其值(使用 Q 的方式:$Q_{(s,a)} = (1-\alpha)Q_{(s,a)} + \cdots$),第二次是为了获取下一状态－行动的"目标"值(即 Q 的方式:$r + \gamma \max_{a'}(Q_{(s',a')})$)。尽管在基本的 Q 学习算法中这 2 个 Q 函数/网络(或在表格 Q 学习方法中的 Q 表)是相同的,但并不总是如此。

在 DQN 中,"目标"Q 网络与每个步骤中不断更新的 Q 网络不同。这是为了克服使用同一 Q 网络进行连续更新和引用目标值时出现的缺点。这些缺点主要体现在 2 个方面:一个原因是如我们在基本 DQN 部分中所强调的,即与训练相关的延迟/次优收敛问题。如果训练的目标来自同一网络,则它们肯定会相关。另一个原因是从同一函数中使用目标值来修正自身的更新并不是一个好主意。这是因为当我们使用相同的函数来更新其自身的估计时,有时可能会导致"不稳定"的目标函数。

因此,使用 2 个不同的 Q 网络来实现这两个不同的目的,可以增强 Q 网络的稳定性。但是,如果需要训练目标行动－价值,并且在初始化后这个目标值不更新(如我们学习到 Q 学习算法的情况下,它甚至可以是全零),则"活动"(经常更新/估计)网络可能无法有效更新。因此,"目标"Q 网络每隔"c"个步骤与活动更新的 Q 网络同步更新一次。对于"Atari"问题,"c"的值被固定为 1000 步。

8.3.3 裁剪奖励和惩罚

虽然针对单个应用程序的训练和部署而言,这并不是一个非常重要的变化,但当考虑开发"通用人工智能"系统时,积累奖励和惩罚的机制需要平衡。不同的游戏(和真实领域的技能)可能具有不同的评分系统。有些游戏可能为即使是非常具有挑战性的任务提供相对较低的绝对得分,而其他游戏则可能过于慷慨地给予绝对奖励(得分)。例如,在像"马里奥"这样的游戏中,很容易获得数十万分的得分;而在像"乒乓球"这样的游戏中,玩家仅在整个游戏中防守一次得一分。

由于强化学习,特别是"通用人工智能"的想法源于人类大脑学习不同技能的能力,因此让我们分析自己身体的构成以更好地理解这个概念。人类和大多数动物都通过一种称为强化的过程学习不同的习惯和刻板印象,这也是我们为机器建模以成为不同技能熟练者的强化学习的基础。由于强化学习需要奖励来"强化"任何行为,因此我们的大脑也应该通过获得一些奖励来强化和学习任何行为。在人类中,通过释放一种称为"多巴胺"的化学物质来实现奖励感,它强化了作为触发器的特定行为。如果你好奇为什么你对手机上的每个通知、社交媒体和购物应用程序都会上瘾,以至于它们开始控制你而不是你控制它们,那么你可以归咎于多巴胺反应。同样，对从药物到含糖食品的物质上瘾都受到多巴胺释放引起的强化支配，它作为奖励机制使我们强化某些行为。

由于身体的多巴胺产生能力有限，因此不同活动之间实现了自动缩放和截断效果。当多巴胺反应系统被外部/化学物质改变，例如通过药物消费时，它确实会导致从其他活动中撤退并赋予生命意义，导致不稳定的行为和结果。

为了在"DQN"中实现类似于"Atari"游戏中使用的奖励/惩罚缩放和截断效果，所有游戏中的所有奖励都被固定为 +1，所有惩罚都为 -1。由于奖励对强化训练至关重要，并且在不同应用程序之间变化很大，因此鼓励读者为自己的各个用例和领域设计自己的缩放和截断技术。

8.4 双 DQN 算法

在需要应用深度强化学习的情况下，状态空间和状态大小通常可能非常大，智能体可能需要花费大量时间来学习环境的信息并确定哪些状态/动作可能导致最优的瞬时或总奖励。在这些条件下，探索机会可能会被压倒（特别是在常数 ε 算法的情况下），智能体可能会被困在已经探索和估计价值相对较高状态/行动组合中，而价值更高的组合则尚未被探索。这可能导致这些状态/行动组合的 Q 值被"过高估计"，从而导致训练不够优化。

在前文中，我们讨论了将 Q 网络分成 2 个不同的 Q 网络的问题，一个是在线/活动的，另一个是目标 Q 网络，其值用作参考。我们还讨论了目标 Q 网络没有经常更新，而是只在一定数量的步骤之后更新。如果基于 Q 网络（目标 Q 网络）采取行动，其值甚至没有经常更新（因为这些是来自每几千次或更多步骤后的"在线"Q 网络的更新），上述突出问题可能会变得更加显著。

我们还在前面讨论了为什么将 Q 网络分成活动和目标 Q 网络很重要，以及专用目标 Q 网络的好处。因此，我们希望继续使用目标 Q 网络，因为它为更新提供了更好和更稳定的目标值。为了兼顾两者的优点，"双 DQN（Double DQN）"算法提议基于在线 Q 网络选择动作，但使用与该特定状态/动作对应的目标状态-动作值的值来自目标 Q 网络。

因此，在双 DQN 中，每步都会从连续更新的在线 Q 网络中读取给定状态中所有可能行动的行动-价值组合的值。然后，在这些可能动作的所有状态-行动值中进行优化，选择最大化价值的状态-行动组合。但为了更新在线 Q 网络，需要从不定期更新的目标 Q 网络中获取所选状态-行动组合的（目标）相应值。双 DQN 算法建议这样做，这样我们可以同时解决 Q 值的"过高估计"问题，并避免目标值的不稳定性。

8.5 竞争DQN算法

迄今为止,我们介绍的深度学习模型(这里的"模型"指的是其作为监督学习模型使用的情况,与MDP模型相对)都是"顺序架构"(在深度学习中,"顺序架构"和"顺序模型"可能具有不同的含义)。在这些模型中,任何一个特定层中的所有神经元只能连接到其自己层之前和之后的一层神经元。换句话说,这些模型架构中不存在分支或循环。

虽然DQN和双DQN都有2个Q网络,但只有1个深度学习模型,而另一个(目标)网络的值是活动(在线)网络值的周期性副本。在竞争DQN中,我们采用了1种非顺序的深度学习架构,在卷积层之后,模型的层分支为2个不同的流(子网络),每个流都有自己的全连接层和输出层。这2个分支/网络中的第一个与值函数对应,用于"估计"给定状态的值,并在其输出层中有一个单节点。第二个分支/网络称为"优势"网络,它计算采取特定动作相对于处于当前状态的基础价值的"优势"价值(图8.4)。

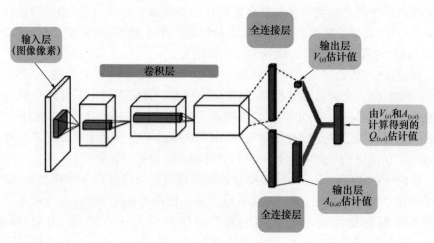

图8.4 竞争Q网络

但是,在竞争DQN中,Q函数仍代表着任何非典型Q学习算法中的Q函数,因此竞争DQN算法在概念上应该与非典型Q学习算法的工作方式相同,通过估计绝对行动价值或Q值来实现。因此,我们需要估计行动-价值/Q值。记住,行动-价值是在给定状态下采取给定行动的绝对价值。因此,如果我们可以将状态的基础值(第一个网络/分支)和第二个("优势")网络/分支中的动作的增量"优势"值的输出相结合(相加),那么我们就可以基本上估计所需的行动-价值或Q值。这可以用以下数学式表示:

$$Q_{(s,a;\theta,\alpha,\beta)} = V_{(s;\theta,\beta)} + (A_{(s,a;\theta,\alpha)} - \max_{a' \in |A|} A_{(s,a';\theta,\alpha)}) \qquad (8.3)$$

在式(8.3)中，Q、V、s、a、a'这些术语的含义与本书前面讨论的一致。此外，"A"表示优势值。由于我们已经进入了函数逼近器的领域，因此任何网络的值都是相对于"估计"网络的参数表示的，以区分从多个不同的估计函数估计的同一变量的值/估计值。

简单来说，方程意味着给定状态-动作组合的Q值（这里的Q下标θ、α、β表示Q估计是从具有三系列参数或者说是从θ、α、β的函数中计算出来的估计模型）等于在该状态下从状态-价值(V)网络估计的该状态的价值或绝对效用（方程中V的下标θ、β表示状态值来自具有参数θ、β的估计函数）加上在该状态下采取该动作的增量值或"优势"（式中A的下标θ、α表示优势来自具有参数θ、α的估计函数）。式的最后一部分提供了必要的修正，以提供"可识别性"。

让我们花一些时间更详细地了解"可识别性"的部分。从上面讨论的简单解释中，式(8.3)可以简单地表示为：

$$Q_{(s,a;\theta,\alpha,\beta)} = V_{(s;\theta,\beta)} + A_{(s,a;\theta,\alpha)} \qquad (8.4)$$

但是，这种简单构造的问题在于，虽然我们可以在给定S和A的值的情况下获得Q(行动价值)的值，但反之则不成立。也就是说，我们不能从给定的Q值"唯一地"恢复S、A的值。这被称为"不可识别性"。式(8.1)的最后一部分通过提供"正向映射"来解决这个"不可识别性"问题。

式(8.5)提供了关于式(8.3)的一个更好的修改。在式(8.5)中，与式(8.3)中提供的最后一部分略有不同。虽然通过减去一个常数，值会稍微偏离目标，但这并不会对学习产生太大影响，因为值仍然保持不变。此外，这种形式的方程还增加了优化的稳定性。

$$Q_{(s,a;\theta,\alpha,\beta)} = V_{(s;\theta,\beta)} + \left(A_{(s,a;\theta,\alpha)} - \frac{1}{|A|}\sum_{a} A_{(s,a;\theta,\alpha)}\right) \qquad (8.5)$$

8.6 小结

通用人工智能或者一种单一的算法或系统在同时学习和出色地完成多个看似不同的任务，一直是人工智能的终极目标。通用人工智能是使机器和智能体能够通过学习新技能来适应不同情境，达到人类水平智能。

Deep Mind的DQN论文声称在创造一种系统方面取得了一定进展，该系统可以学习在49种不同类型的Atari游戏中所需的基本技能，甚至在其中许多游戏中超过了人类对手的最高得分。

虽然DQN非常强大，如其在标准化的Atari环境中取得的成功所述，可以超过人类的表现水平，但它也有自己的缺点。有许多增强措施可以用来克服这些缺点。双 DQN 和竞争 DQN 都使用了 2 个不同的 Q 网络，而不是 DQN 中使用的单个 Q 网络，并旨在以稍微不同的方式克服 DQN 的缺点。

竞争 DQN 还引入了优势的概念，即采取行动的增量效用高于基本状态的绝对值。优势的概念将在本书中介绍的其他算法中进一步探讨。

第9章 双DQN的代码:用ε衰减行为策略编码双DQN

摘要 在本章中,我们将用代码实现双DQN(Double DQN,DDQN)智能体。与传统的DQN相比,DDQN智能体更稳定,因为它使用了一个相对稳定的专用目标网络。我们还将第6章中学习的MLP-DNN概念付诸实践,并使用Keras和TensorFlow实现我们的深度学习模型。我们还使用OpenAI Gym将标准化环境实例化,以训练和测试智能体。我们使用Gym的CartPole环境来训练我们的模型。

9.1 项目结构和依赖关系

就像第5章中介绍的Q学习代码一样,我们继续使用基于Python 3.6.5和PyCharm IDE的相同虚拟环境(DRL)。

本章中的额外需求是基于深度学习的依赖关系和OpenAI Coach的环境(图9.1)。为了实现深度学习模型,我们在TensorFlow后端上使用了Keras。从Gym开始,我们使用"CartPole-v1"环境,但鼓励读者也尝试其他环境,这就像在"environment"参数中更改这个名称一样简单。

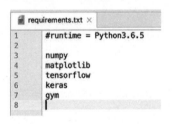

图9.1 Requirements.txt

深度学习模型以一种非常模块化的方式实现,实现的MLP-DNN架构的网络配置可能会随着隐藏层的数量和每个隐藏层中的神经元数量而变化。

与第5章中介绍的Q学习代码相比,为了隔离关注点并使代码更加模块化,我们将行为策略类分离到单独的模块中。此外,我们还实现了一个附加策略,即"ε衰减(Epsilon Decay)"策略,用于选择行动。此策略也在行为策略类中实现。

鼓励用户也使用之前实现的"ε贪婪"策略运行代码并比较结果和时间。除了行为策略之外，我们现在还有另一个用于经验回放缓冲区类的模块。这是一个基本级别的类，所有不同类型的经验回放内存缓冲区的其他实现都可以从它扩展。在这段代码中，我们实现了一个基于 deque 的内存缓冲区，它按顺序存储经验，并具有固定的容量。每当缓冲区满后出现新的体验时，旧的体验就会被删除，为新的体验让路。所需的经验数量（批量大小）被随机检索到经验回放内存缓冲区。鼓励读者尝试实现其他优先级缓冲区类型并比较结果。

最后，我们添加了另外两个自定义异常，以使读者更容易调试和试验代码。通过这些更改和增强，项目文件夹结构如图 9.2 所示。

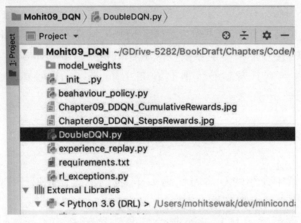

图 9.2　DDQN 项目的项目结构

9.2　双 DQN 智能体的代码（文件：DoubleDQN.py）

```
"""DQN in Code - BehaviorPolicy
DQN Code as in the book Deep Reinforcement Learning, Chapter 9.

Runtime: Python 3.6.5
Dependencies: numpy, matplotlib, tensorflow (/ tensorflow-
gpu), keras
DocStrings: Google Style

Author: Mohit Sewak (p20150023@goa-bits-pilani.ac.in)
"""

# make the general imports. Many of these libraries come
Bundled in miniconda/ base-python and hence are excluded from
# requirements.txt
import logging
```

```python
import numpy as np
from itertools import count
import matplotlib.pyplot as plt
import time
import os
# Make the imports from Keras for making Deep Learning model.
# Keras is a wrapper to some of the popular deeplearning
# libraries like tensorflow, theano, mnist. One of these
# needs to be installed for keras to work. We are using
# tensorflow as is indicated in requirements.txt
from keras.models import Sequential
from keras.layers import Dense
from keras.optimizers import Adam
from keras.losses import mean_squared_error
# We will require an environment for the agent to work. This
# can be provided from an external code take instantiates
# the agent, and is not required here in that case. We can
# use both a custom environment or one from OpenAI gym, A
# custom environment may require some changes in the
# n_states, and n_action parameters to be compatiable
import gym
# Last we import other custom dependencies that we have coded
# in external modules to make this code small, simple
# to understand, easy to maintain, and modular. For example,
# we use the epsilon_decay policy instead of epsilon_greedy
# in this code. So the policy and memory are separate modules
# which can be enhanced, new ones implemented, and used
# as requirement as standard implementation for multiple agents.
from experience_replay import SequentialDequeMemory
from beahaviour_policy import BehaviorPolicy
# Configure logging for the project
# Create file logger, to be used for deployment
# logging.basicConfig(filename="Chapter09_DDQN.log",
format='%(asctime)s %(message)s', filename='w')
logging.basicConfig()
# Creating a stream logger for receiving inline logs
logger = logging.getLogger()
# Setting the logging threshold of logger to DEBUG
logger.setLevel(logging.DEBUG)

class DoubleDQN:
    """Double DQN Agent

        Class for training a Double DQN Learning agent on any custom environment.

        Args:
```

agent_name (str): The name of the agent. This argument helps in continuing the training from the last auto
    checkpoint. The system will check if any agent's weight by the same name exists, if.so then
    the existing weights are saved before resuming/ starting training.
  env (Object): An object instantiation of a OpenAI gym compatible env class like the CartPole-v1 environment
  number_episodes (int):The maximum number of episodes to be executed for training the agent
  discounting_factor (float): The discounting factor (gamma) used to discount the future rewards to current step
  learning_rate (float):The learning rate (alpha) used to update the q values in each step
  behavior_policy (str):The behavior policy chosen (as q learning is off policy). Example "epsilon-greedy"
  policy_parameters (dict): A dict with the behavior policy parameters. The keys required for epsilon_greedy is
    just epsilon, and for epsilon_decay additionally requires min_epsilon and epsilon_decay_rate
  deep_learning_model_hidden_layer_configuration (list): A list if integers corresponding to the number of
    neurons in each hidden layer of the MLP-DNN network for the model.
Examples:
  agent = DoubleDQN()
"""

```python
def __init__(self, agent_name=None, env=gym.make('CartPole-v1'),number_
    episodes = 500, discounting_factor = 0.9,
        learning_rate = 0.001,behavior_policy = "epsilon_decay",
policy_parameters={"epsilon":1.0,"min_epsilon":0.01,"epsilon_decay_rate":0.99},
deep_learning_model_hidden_layer_configuration=[32,16,8]):
    self.agent_name = "ddqa_"+str(time.strftime("%Y%m%d-%H%M%S" )) if agent_name is None else agent_name
    self.model_weights_dir = "model_weights"
    self.env = env
    self.n_states = env.observation_space.shape [0]
    self.n_actions = env.action_space.n
    self.n_episodes = number_episodes
    self.episodes_completed = 0
    self.gamma = discounting_factor
    self.alpha = learning_rate
    self.policy =
```

```
BehaviorPolicy(n_actions=self.n_actions,
policy_type=behavior_policy,
policy_parameters=policy_parameters).getPolicy()
    self.policyParameter = policy_parameters
    self.model_hidden_layer_configuration =
deep_learning_model_hidden_layer_configuration
    self.online_model =
self._build_sequential_dnn_model()
    self.target_model =
self._build_sequential_dnn_model()
    self.trainingStats_steps_in_each_episode = []
    self.trainingStats_rewards_in_each_episode = []
    self.trainingStats_discountedrewards_in_each_episode= []
    self.memory =
SequentialDequeMemory(queue_capacity=2000)
    self.experience_replay_batch_size = 32

def _build_sequential_dnn_model(self):
    """Internal helper function for building DNN model

    This function can make a custom MLP-DNN topology
based on the arguments provided during instantiation of the class.
    The MLP-DNN model starts with the input layer,
with as many nodes as the state cardinality,
    then add as many hidden layers with as many
neurons in each hidden layer as requested in the instantiation
    parameter self.model_hidden_layer_configuration.
Then the output layer with as many layers as
    action space cardinality follows.
    The activation for input and hidden layers is
ReLU, and for output payer neurons is Linear.
    Optimizer used is ADAM, and Loss function used is
Mean Square Error (MSE)
    """
    model = Sequential()
    hidden_layers = self.model_hidden_layer_configuration
    model.add(Dense(hidden_layers[0],
input_dim=self.n_states,activation='relu'))
    for layer_size in hidden_layers[1:]:
        model.add(Dense(layer_size, activation='relu'))
    model.add(Dense(self.n_actions,activation='linear' ))
    model.compile(loss=mean_squared_error,
optimizer=Adam(lr=self.alpha))
    return model

def _sync_target_model_with_online_model(self):
```

```python
        """Internal helper function to sync the target Q network with the
        online Q network
        """
        self.target_model.set_weights(self.online_model.get_weights())

    def _update_online_model(self,experience_tuple):
        """Internal helper function for updating the online Q network
        """
        current_state,action,instantaneous_reward,next_state,done_flag = experience_tuple
        action_target_values = self.online_model.predict(current_state)
        action_values_for_state = action_target_values[0]
        if done_flag:
            action_values_for_state[action] = instantaneous_reward
        else:
            action_values_for_next_state = self.target_model.predict(next_state)[0]
            max_next_state_value = np.max(action_values_for_next_state)

            target_action_value = instantaneous_reward + self.gamma * max_next_state_value
            action_values_for_state[action] = target_action_value
        action_target_values[0] = action_values_for_state
        logger.debug("Fitting online model with Current_State: {},Action_Values: {}".format(current_state,action_target_values))
        self.online_model.fit(current_state,action_target_values,epochs=1)

    def _reshape_state_for_model(self,state):
        """Internal helper function for shaping state to be compatible with the DNN model
        """
        return np.reshape(state,[1,self.n_states])

    def train_agent(self):
        """Main function to train the agent

        The main function that needs to be called to
        start the training of the agent after instantiating it.

        Returns:
            tuple: Tuple of 3 lists,1st is the steps in
```

```
        each episode, 2nd is the total un-discounted rewards in
                        each episode, and 3rd is the total
        discounted rewards in each episode.

                Examples:
                        training_statistics = agent.train_agent()
        """

            self.load_model_weights()
            for episode in range(self.n_episodes):
                logger.debug("-"*30) logger.debug("EPISODE {}/{}".
                    format(episode,self.n_episodes))
                logger.debug("-"*30)
                current_state =
self._reshape_state_for_model(self.env.reset())
                cumulative_reward = 0
                discounted_cumulative_reward =0
                for n_step in count( ):
                    all_action_value_for_current_state =
self.online_model.predict(current_state)[0]
                    policy_defined_action =
self.policy(all_action_value_for_current_state)
                    next_state,instantaneous_reward, done,_ =
self.env.step(policy_defined_action)
                    next_state =
self._reshape_state_for_model(next_state)
                    experience_tuple = (current_state,
policy_defined_action,instantaneous_reward, next_state, done)
                    self.memory.add_to_memory(experience_tuple)
                    cumulative_reward += instantaneous_reward
                    discounted_cumulative_reward =
instantaneous_reward + self.gamma * discounted_cumulative_reward
                    if done:
self.trainingStats_steps_in_each_episode.append(n_step)
self.trainingStats_rewards_in_each_episode.append(cumulative_reward)
self.trainingStats_discountedrewards_in_each_episode.append(dis-
counted_cumulative_reward)
self._sync_target_model_with_online_model()
                        logger.debug("episode: {}/{}, reward: {},discounted_reward:
                        {}".format(n_step, self.n_episodes,
cumulative_reward, discounted_cumulative_reward) )
                        break
                    self.replay_experience_from_memory()
```

```
            if episode % 2 == 0: self.plot_training_statistics()
            if episode % 5 == 0: self.save_model_weights()
            return self.trainingStats_steps_in_each_episode,
self.trainingStats_rewards_in_each_episode,\
self.trainingStats_discountedrewards_in_each_episode

    def replay_experience_from_memory(self):
        """Replays the experience from memory buffer

            Replays the experience from the memory buffer.
The memory buffer is as selected during the class
            instantiation.

            Returns:
                bool: True if the replay happens, False if
the size of buffer is less than the batch size and hence
                replay does not happens.
        """
            if self.memory.get_memory_size()<
self.experience_replay_batch_size:
                return False
            experience_mini_batch =
self.memory.get_random_batch_for_replay(batch_size=self.experience_
replay_batch_size)
            for experience_tuple in experience_mini_batch:
                self._update_online_model(experience_tuple)
            return True

    def save_model_weights(self, agent_nane=None):
        """Save Model Weights

            Saves the model weights for both the target and
online Q network model from the directory given in class
            variable self.model_weights_dir (default=
model_weights) and adds .h5 extension.

            Args:
                agent_name (str): Nane of the agent if need
to be forced a specific one other than the default unique one

            Returns:
                None
        """
            if agent_name is None:
                agent_name = self.agent_name
            model_file =
os.path.join(os.path.join(self.model_weights_dir,agent_name+".h5"))
            self.online_model.save_weights(model_file,
```

```python
        overwrite=True)

    def load_model_weights(self,agent_name=None):
        """Load Model Weights

        Loads the model weights for both the target and online Q network model from the directory given in class
            variable self.model_weights_dir (default = model_weights) and the one has .h5 extension.

        Args:
            agent_name (str): Name of the agent if need to be forced a specific one other than the default unique one

        Returns:
            None
        """
        if agent_name is None:
            agent_name = self.agent_name
        model_file = os.path.join(os.path.join(self.model_weights_dir, agent_name+".h5"))
        if os.path.exists(model_file):
            self.online_model.load_weights(model_file)
            self.target_model.load_weights(model_file)

    def plot_training_statistics(self,training_statistics=None):
        """plot Training Statistics

        Function to plot training statistics of the Q Learning agent's training. This function plots the dual axis
            plot, with the episode count on the x axis and the steps and rewards in each episode on the y axis.

        Args:
            training_statistics (tuple): Tuple of list of steps, list or rewards,list of cumulative rewards for each episode

        Returns:
            None

        Examples:
            agent.plot_statistics()
        """

        steps = self.trainingStats_steps_in_each_episode if training_statistics is None else training_statistics[0]
        rewards = self.trainingStats_rewards_in_each_episode if training_statistics is None else training_statistics[1]
        discounted_rewards = self.trainingStats_discountedrewards_in_each_episode if training_
```

```
            statistics is None \
                    else training_statistics[2]
                episodes =
np.arange(len(self.trainingStats_steps_in_each_episode))
                fig, ax1 = plt.subplots()
                ax1.set_xlabel('Episodes (e) ')
                ax1.set_ylabel('Steps To Episode Completion',
color="red")
                ax1.plot(episodes, steps, color="red")
                ax2 = ax1.twinx()
                ax2.set_ylabel('Reward in each Episode',
color="blue")
                ax2.plot(episodes, rewards, color="blue")
                fig.tight_layout()
                plt.show()
                fig,ax1 = plt.subplots()
                ax1.set_xlabel('Episodes (e)')
                ax1.set_ylabel('Steps To Episode Completion',
color="red")
                ax1.plot(episodes, steps, color="red")
                ax2 = ax1.twinx()
                ax2.set_ylabel( 'Discounted Reward in each Episode',
color="green" )
                ax2.plot(episodes, discounted_rewards, color="green")
                fig.tight_layout( )
                plt.show( )
if __name__ =="__main__":
    """Main function

        A sample implementation of the above Double DQN agent
    for testing purpose.
        This function is executed when this file is run from
    the command prompt directly or by selection,
    """
    agent = DoubleDQN()
    training_statistics = agent.train_agent()
    agent.plot_training_statistics(training_statistics)
```

9.2.1　行为策略类的代码(文件:**behavior_policy. py**)

```
"""DQN in Code - BehaviorPolicy
```

DON Code as in the book Deep Reinforcement Learning, Chapter 9.

Runtime: Python 3.6.5
Dependencies: numpy

第 9 章　双 DQN 的代码：用 ε 衰减行为策略编码双 DQN

```
DocStrings: GoogleStyle

Author: Mohit Sewak (p20150023@goa-bits-pilani.ac.in)
"""
# General imports
import logging
import numpy as np
# Import of custom exception classes implemented to make the error more understandable
from rL_exceptions import PolicyDoesNotExistException, InsufficientPolicyParameters,FunctionNotImplemented

# Configure logging for the project
# Create file logger, to be used for deployment
# logging.basicConfig(filename="Chapter09_BPolicy.log", format='(asctime)s(message)s', filemode='w')
logging.basicConfig()
# Creating a stream logger for receiving inline logs
logger = logqing.getLogger()
# Setting the logging threshold of logger to DEBUG
logger.setLevel(logging.DEBUG)

class BehaviorPolicy:
    """Behavior Policy Class
    Class for different behavior policies for use with anOff-Policy Reinforcement Learning agent.
        Args:
            n_actions (int): the cardinality of the action space
            policy_type (str); type of behavior policy to be implemented.

    The current implementation contains only the "epsilon_greedy"policy.
            policy_parameters (dict): A dict of relevant policy parameters for the requested policy.
        The epsiton-greedy policy as implemented requires only the value of the "epsilon" as float.
        Returns:
            None
    """
    def __init__(self,n_actions, policy_type = "epsilon_greedy", policy_parameters = {"epsilon":0.1}):
        self.policy policy_type self.n_actioms = n_actions
        self.policy_type = palicy_type
        self.policy_parameters = policy_parameters
        if "epsilon" not in policy_parameters:
            raise InsufficientPolicyParameters("epsilon not available")
        self.epsilon = self.policy_parameters["epsilon"]
```

```python
            self.min_epsilon = None
            self.epsilon_decay_rate = None
            logger.debug("Policy Type {}, Parameters Received{}".fornat(policy_type, policy_parameters))

    def getPolicy(self):
        """Get the requested behavior policy
        This function returns a function corresponding to the requested behavior policy

        Args:
            None
        Returns:
            function: A function of the requested behavior policy type.
        Raises:
            PolicyDoesNotExistException: When a policy corresponding to the parameter policy_type is not implemented.
            InsufficientPolicyParameters: When a required policy parameter is not available
        (or key spelled incorrectly).
        """
        if self.policy_type == "epsilon_greedy":
            return self.return_epsilon_greedy_policy()
        elif self.policy_type == "epsilon_decay":
            self.epsilon = self.policy_parameters["epsiton"]
            if "min_epsilon" not in self.policy_parameters: raise InsufficientPolicyParameters("EpsilonDecay policy also requires the min_epsilon parameter")
            if "epsilon decay rate" not in self.policy_parameters:
                raise InsufficientPolicyParameters("EpsilonDecay policy also requires the epsilon_decay_rate parameter")
            self.min_epsilon = self.policy_parameters["min_epsilon"]
            self.epsilon_decay_rate = self.policy_parameters["epsilon_decay_rate"]
            return self.return_epsilon_decay_policy()
        else:
            raise PolicyDocsNotExistexception("The selected policy does not exists! The
            implemented policies are " "epsilon-greedy and epsilon-decay")

    def return_epsilon_decay_policy(self):
```

```python
        """Epsilon-Decay Policy Implementation

        This is the implementation of the Epsilon-Decay
policy as returned by the getPolicy method when
        "epsilon-decay" policy type is selected.

        Returns:
            function: a function that could be directly
called for selecting the recommended action as per e-decay.
        """
        def choose_action_by_epsilon_decay(values_of_all_possible_actions):
            """Action selection by epsilon_decay policy

            This is the base function that is actually
invoked in each iteration to return the recommended action
                index as per the desired e_decay policy.

                Args:
                    values_of_all_possible_actions (array): A
float array of the action values from which the

recommended action has to be chosen

                Returns:
                    int: The index of the recommended action
as per the policy
            """
            logger.debug( "Taking e-greedy action for action values"+str(values_of_all_possible_actions))
            prob_taking_best_action_only =1- self.epsilon
            prob_taking_any_random_action = self.epsilon / self.n_actions
            action_probability_vector = [prob_taking_any_random_action]* self.n_actions
            exploitation_action_index = np.argmax(values_of_all_possible_actions)
action_probability_vector[exploitation_action_index] += prob_taking_best_action_only
            chosen_action = np.random.choice(np.arange(self.n_actions), p=action_probability_vector)
            return chosen_action
        return choose_action_by_epsilon_greedy

if __name__ =="__main__":
    raise FunctionNotImplemented("This class needs to be imported and
```

instantiated from a Reinforcement Learning"
"agent class and does not contain any invokable code in the main function")

9.2.2 经验回放存储器类的代码(文件：experience_replay.py)

```
""" DQN in Code - ExperienceReplayMemory

DQN Code as in the book Deep Reinforcement Learning, Chapter 9.

Runtime: Python 3.6.5
DocStrings: GoogleStyle

Author : Mohit Sewak (p20150023@goa-bits-pilani.ac.in)
"""

# General Imports
import logging
import random
# Import for data structure for different types of memory
from collections import deque
# Import of custom exception classes implemented to make the error more understandable
from rl_exceptions import FunctionNotImplemented
# Configure logging for the project
# Create file logger, to be used for deployment
# logging.basicConfig(filename="Chapter09_BPolicy.log", format='%(asctime)s *(message)s', filemode='w')
logging.basicConfig()
# Creating a stream logger for receiving inline logs
logger = logging.getLogger()
# Setting the logging threshold of logger to DEBUG
logger.setLevel(logging.DEBUG)

class ExperienceReplayMemory:
    """Base class for all the extended versions for the ExperienceReplayMemory class implementation
    """
    pass

class SequentialDequeMemory(ExperienceReplayMemory):
    """Extension of the ExperienceReplayMemory class with deque based Sequential Memory

    Args:
        queue_capacity (int):The maximum capacity (in terms of the number of experience tuples) of the memory buffer.
    """
```

```python
def __init__(self, queue_capacity=2000):
    self.queue_capacity=2000
    self.memory = deque(maxlen=self.queue_capacity)

def add_to_memory(self,experience_tuple):
    """Add an experience tuple to the memory buffer

        Args:
            experience_tuple (tuple): A tuple of experience for training.
In case of Q learning this tuple could be
            (S, A, R, S) with optional done_flag and in case of SARSA it
could have an additional action element.
        """
    self.memory.append(experience_tuple)

def get_random_batch_for_replay(self,batch_size=64):
    """Get a random mini-batch for replay from the Sequential memory buffer

        Args:
            batch_size (int):The size of the batch required

        Returns:
            list: list of the required number of experience tuples
        """
    return random.sample(self.memory,batch_size)

def get_memory_size(self):
    """Get the size of the occupied buffer

        Returns:
            int: The number of the experience tuples already in memory
        """
    return len(self.memory)

if __name__ =="__main__":
    raise FunctionNotImplemented("This class needs to be imported and instantiated from a Reinforcement Learning"
    "agent class and does not contain any invokable code in the main function")
```

9.2.3 自定义异常类的代码(File:rl_exceptions.py)

""" DQN in Code - Custom RL Exceptions

DQN Code as in the book Deep Reinforcement Learning, Chapter 9.

Runtime: Python 3.6.5
DocStrings: None

```
Author:Mohit Sewak(p20150023@goa-bits-pilani.ac.in)
"""
class PolicyDoesNotExistException(Exception):
    pass
class InsufficientPolicyParameters(Exception):
    pass
class FunctionNotImplemented(Exception):
    pass
```

9.3 训练统计图

每 epoch 的步数和总奖励（未打折）与每 epoch 的步数和总折扣奖励，如图 9.3 和图 9.4 所示。

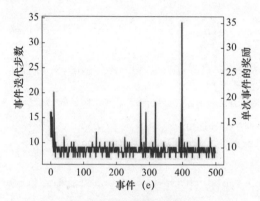

图 9.3 每 epoch 的步数和总奖励（未打折）

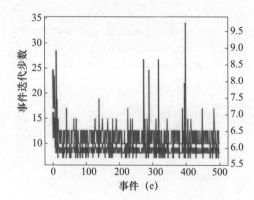

图 9.4 每 epoch 的步数和总折扣奖励

第 10 章　基于策略的强化学习方法：随机策略梯度与 REINFORCE 算法

摘要　在本章中,我们将介绍基于策略的方法的基础知识,特别是基于策略梯度的方法。我们将了解为什么基于策略的方法在某些情况下优于基于价值的方法,以及为什么它们难以实现。随后,我们将介绍一些简化,这些简化将有助于使基于策略的方法实现,还将介绍 REINFORCE 算法。

10.1　基于策略的方法和策略近似介绍

到目前为止,在这本书中,我们专注于估计不同类型的值。最初,我们专注于状态 – 价值计算(如经典 DP),然后是状态 – 价值估计(如 TD 学习)。随后,我们将重点转向行动值估计(如 SARSA 和 Q 学习),最后是优势(增量值)估计(如竞争 DQN)。

在讨论 Q 学习时,我们还引入了值逼近的概念。由于 Q 学习和类似算法中的值函数是使用函数逼近器(或机器学习模型,我们另一种说法)建模的,因此我们称之为价值估计过程,而不是价值计算或确定过程。任何这样的价值估计过程,都是使用价值估计器建模的,并且是不精确的,会存在一些偏差。还要注意,我们将值建模为近似函数的输出(如 Q 学习、DQN 等),并开始将价值(状态 – 价值或行动 – 价值)表示为这些函数的参数函数。在基于深度学习的函数逼近器(模型)的情况下,这些参数是需要优化的网络权重。

在这种情况下,最大化强化学习奖励就相当于找到一组"优化"(在数学优化中)这些总奖励的权重。这是通过最大限度地减少作为训练结果的各自损失来实现的。由于在大多数情况下,近似函数是(有意地)可微的,优化这些函数的最佳方法之一是计算奖励函数期望的梯度(通过微分它们),然后沿着梯度的方向移动,直到达到局部的"最大值",从而最大化奖励期望。

非经典强化学习系统通常是底层估计问题和控制问题的解决方案的组合。估计模型损失函数的优化完善了函数逼近器的训练,之后可以部署它来估计状态或行动的"最优"值,并为估计子问题提供解决方案。来自这样的值估计模型的估计"结合特定的策略"(策略为控制子问题提供解决方案)帮助智能体采取适当的行动。我们还发现了同轨策略方法和离轨策略方法,它们具有内在的机制来在探索新的状态/行动或利用现有的训练或不同的行为策略取得良好的平衡,以确定何时贪婪地使用估计值,何时进一步探索。所以本质上,价值估计/近似过程最终导致了一个单独的"行动"被建议对应于智能体所处的任何给定状态。这个行动要么直接确定,要么从估计过程中贪婪地选择(如 ε 贪婪)。因此,直接导致智能体行为的"策略"并不是我们始终关注的重点。相反,到目前为止,状态/状态-动作组合的"价值"是关键焦点,而这个"价值"构成了大部分确定性"策略"的基础。

现在,请稍做停顿,想象一下当我们的全部意图是采取最佳行动时,为什么要估算价值并近似价值函数(状态价值或行动价值函数)。还记得我们之前从状态-价值计算/估计转移到行动-价值计算/估计时进行过类似的讨论吗?在此之前,尽管我们仍然专注于评估价值,但我们认为,由于最终目标是确定最佳行动,因此基于行动价值评估的方法可能比遵循基于状态价值评估的方法更能直接地实现我们的目标。将同样的推理用于策略方面,我们可以认为,近似策略函数可能是实现我们目标的一种更直接的手段,而不是像我们迄今为止所做的那样近似价值函数。因此,本质上,我们现在想参数化策略本身,即

$$\pi_\theta(a|s) = \mathbb{P}[\partial|\sim\not\Rightarrow\theta] \tag{10.1}$$

这是我们将在本书中讨论的大多数基于策略近似的方法背后的直觉。基于策略梯度的方法在基于策略的强化学习范式下非常流行。在策略近似下,基于策略梯度的方法主要尝试利用(近似)策略函数的可微性(由此计算梯度)来优化它。同样,在价值近似的情况下,我们将继续关注无模型(这里的术语无模型指的是这样一个事实,即我们可能无法完全对 MDP 进行数学建模,因此必须依赖于对其进行近似,而不是了解它)的策略近似假设。

10.2 基于价值的方法和基于策略的方法的广义区别

基于价值的方法和基于策略的方法之间的基本区别在于,在基于价值的方法中,我们学习了一个"价值函数",从中显式或隐式地派生出"策略"。而在基于策略的方法中,不需要学习或推导价值函数,我们直接学习"策略"。在基于策略的方法中,值函数基本上不存在。虽然也存在一些混合方法的变体,但现在我们将使用这个简单的主题来为本章绘制直观的图形。

在"基于价值"的方法中,我们根据由最优(训练良好的)价值函数生成的估计派生出策略。价值函数是随机的(它生成概率估计,使用给定的价值近似模型,假设模型没有进一步更新,在特定状态下选择不同的行动),因此隐含的策略在大多数基于价值的方法的实现中是确定性的。这是因为在价值估计方法

第10章 基于策略的强化学习方法:随机策略梯度与REINFORCE算法

的情况下,策略建议一个单一的行动。这个行动可以是估计函数建议的最佳行动,也可以是任何随机行动,但它缺乏指导在不同行动之间进行选择的概率分布。

而在"策略近似"方法中,由于"策略"本身是参数化的,所以它是"随机的"(参见式(10.1))。这本质上意味着,对于给定的状态,策略可能有不同的概率选择不同的行动,而不是选择"单一的"最优行动。因此,"基于策略的"方法本质上是从这个"随机策略"中抽取样本,以细化他们对策略参数向量 θ 的估计(如在梯度中),从而优化策略,并使遵循该策略的智能体积累最大的累积奖励。同样,有一系列专门的模型(如确定性策略梯度及其变体)是这一原则的例外。但是现在,为了本章的目的,我们将利用这种区别来进一步建立我们的直觉。

由于基于价值的方法具有"确定性"或"非随机"策略,因此只能选择一个操作。这与选择一个概率为1的行动和其他概率为0的行动具有相似的效果。在不同动作之间的值差异是任意的,因此也可以忽略或在非常小的情况下,这种确定性(因此是绝对的)动作选择导致近似函数的不连续变化,导致遵循价值函数方法的算法的"收敛性保证"面临挑战。这一缺点在基于策略的方法中并不那么明显,因为它们可以随机地建议具有适当概率的多个行动。

如果没有很好地认识到这一区别对于实际应用的重要性,让我们通过一个例子来理解这一点。假设在一项体育运动(如板球)比赛开始时,队长必须在抛硬币(假设是无偏向的硬币)中"选择"(采取选择的行动)"正面"或"反面"。如果他赢了,那么他必须做出有关比赛的决定(如先击球还是先投球)。尽管第一个决定(正面还是反面)是随机和任意的,只有第二个决定(先击球还是先投球的比赛策略)可能会影响比赛的结果,但使用确定性策略最终将迫使智能体学习并决定在给定的比赛条件和团队组成的特定状态下,是叫"正面"更好还是叫"反面"更好。读者可能已经意识到,这里的状态(包括比赛条件和球队组成)对掷硬币的判罚没有任何影响。通过对行动/决策强制提出"确定性"建议,我们暗示只存在"一个"最优行动/决策,并限制多个行动/决策的随机建议只能选择一个。在这种情况下,随机策略的建议是,有50%的概率我们叫"正面",剩下的50%我们叫"反面"。如果我们在假设存在一个"确定性"策略的前提下强行训练近似函数,其中潜在的最优"策略"实际上是"随机的",这种近似函数的训练显然不应该收敛。参考我们的例子,训练中的收敛意味着我们成功地训练了一个模型,当我们继续训练时,这个模型能够高精度地识别并回忆起在特定状态下一个动作比所有其他可能的动作更好。由于这样的观察结果与基本事实相反,在这样的假设下训练模型的尝试应该无法收敛。

基于价值的方法和基于策略的方法之间的另一个区别是,基于价值的方法主要适用于具有小而离散的操作空间的场景。在大动作空间或连续动作空间的情况下。连续的动作空间可以看作大动作空间的一种特殊情况,动作空间的基数趋向于无穷大。在前面的章节中,在讨论基于价值方法的算法时,我们已经暗示了这一观察结果背后的一些直觉原因,而对其他原因的理解隐含在我们前面关于随机行为概率的讨论中。

为了理解,与基于价值的方法相比,基于策略的方法更适合具有大而连续的行动空间的应用,让我们举一个例子说明与随机行动概率相关的原因。从板球主题的初始示例开始,让我们假设我们的智能体需要确定击球手在特定的投球中击球的最佳角度,以确保球到达边界。在这个例子中,从开始交付到交付结果的每次交付都是一个事件。假设这里的状态包含两个信息。第一个信息对于给定的交付/事件是静态的,并随着投球者开始投球而更新。另一种状态信息是动态的,以特定的频率更新(如每 $1/100s$ 更新一次)。静态信息类型是球的状态(如年龄、粗糙度)、球场条件、场地占用或空置位置(一个热编码向量)。而动态状态包括球的速度、球的方向、球碗的摆动/旋转、球棒摆动产生的推力、球棒与球的最近点之间的距离。来自智能体的期望决策输出是击球棒应该摆动的角度(对于给定的推力和击球棒的时间),以确保边界。假设决策需要精确到一分钟的角度($1°=60″$),这里的动作空间如果是离散的,可以认为是一个维度为 $360×60=21600$ 的向量,假设角度可以在 $0°~360°$ 之间。或者,理想情况下,这里的作用空间不应该是离散的作用空间,而应该是 $0°~360°$ 范围内的连续作用空间。这是因为在任何两个连续的角度(精确到一分钟的角度)之间的球棒摆动的结果几乎没有差异,如 $45°.0″$ 和 $45°.1″$,但是一个离散的行动空间,特别是在基于价值的方法的情况下,必须选择这些角度中的一个,并拒绝另一个。从解释到现在,应该很清楚为什么一些行动准则更适合和更实际地设想为一个连续的行动空间,理论上我们可以设想为一个离散的行动空间,具有非常高的基数。

继续上面的例子,让我们假设有一个外野手被放置在场地边界最短的一个孤立区域。让外野手与击球点的夹角为 $45°.0″$。假设玩家以顺时针或逆时针的路径到达该区域的结果是相似的,以 $5°0″$ 为例,即在角度 $<45°0″-5°0″(=40°.0″)$ 和角度 $>45°.0″+5°0″(=50°.0″)$ 的边界上,得分是相同的。在基于政策的方法中,政策是随机的,在这些决策边界上类似的概率分布可以反映这一现象。在基于值的方法中,即使边界的评分值在这些角度周围的离散动作空间中反映出类似的随机模式,但确定性动作策略只能选择其中一个动作而拒绝另一个。当智能体的行动建议必须馈送到另一个智能系统/智能体/模型中,该智能体的建议是众多输入之一,该智能体的行动建议在大型战略决策过程/预测中工作时,这种区别是非常重要的。

正如读者从上面的例子中已经认识到的,为什么在连续的行动空间中采取行动的能力是如此有用,以及使用基于策略的方法的智能体如何自然地适合在这些挑战下提供更有效的结果。但是,与基于价值的方法相比,基于策略的方法在大/连续行动空间下良好工作的固有能力是有代价的。一方面,当"收敛"时,基于策略的方法是"收敛"到局部"最优",而不是"全局最优";另一方面,对策略的"评估"会产生非常高的方差,这对于基于策略的方法来说可能是非常低效的。

10.3 计算策略梯度的问题

从上一节的讨论可以明显看出,与基于价值的方法相比,基于策略的方法提供了一些有价值的优势,值得考虑。在某些情况下,直接学习策略可能更简单或更有效。也可能存在动作空间较大或连续的情况。在这些情况下,基于策略的方法可能比基于价值的方法具有性能或准确性以外的独特优势。

另外,正如我们在前一节中讨论的,在基于策略的方法中,我们感兴趣的是优化策略逼近器函数,以便使奖励最大化。此外,我们还了解到,为了优化策略逼近器,我们可能需要表示随机策略的近似函数的梯度,因为沿着这个梯度的方向移动可能有助于最小化损失,从而优化策略。如果梯度是奖励函数的梯度,我们可以沿着梯度的方向移动,以最大化奖励的期望。

但这一理论在实践中还存在一个问题。要理解这个问题,首先要从数学上理解我们要做的事情。让我们取一个用 π 表示的策略。这个策略 π 在参数向量 $\boldsymbol{\theta}$ 上参数化。这个策略 π 的值可以定义为遵循这个策略的(折现的)累积奖励的期望。与表示状态值的符号 V 和表示动作值的符号 Q 类似,我们可以用符号"J"表示策略 π 的性能值。策略值 J 可以用数学定义为

$$J_{(\theta)} = E \sum_{t \geq 0} [\gamma^t r_t \mid \pi_\theta] \tag{10.2}$$

因此,在此策略下,最优参数向量($\boldsymbol{\theta}^*$)将使该期望奖励值最大化,如

$$\boldsymbol{\theta}^* = \arg\max_\theta J_{(\theta)} \tag{10.3}$$

现在让我们引入一个新的术语,"轨迹"。我们将使用符号 τ(读作"tau")来表示"轨迹"。这里的轨迹指的是一个事件中访问的状态序列。在随机策略中,下一个动作和随后访问的状态不一定是确定的。因此,即使在给定的随机策略下,也可以按不同的概率访问不同的状态序列。在一个事件的不同时间步中,任何这样的访问状态序列(通过采取一些行动并获得相应的瞬时奖励)都被称为轨迹。轨迹 τ 可表示为 $\tau = [(s_0, a_0, r_0); (s_1, a_1, r_1); \cdots; (s_t, a_t, r_t)]$。

轨迹受给定策略下状态转换概率的影响。因此,就轨迹而言,策略值 J 的式(10.2)可以改写为式(10.4):

$$J_{(\theta)} = E_\tau \sum P(\tau \nrightarrow \theta) r_{(\tau)} \tag{10.4}$$

这个方程简单地说,给定随机策略的绩效价值可以表示为在该策略下,在特定轨迹上的期望回报,由该策略下实现该轨迹的概率来衡量。由于期望可以被积分,所以我们进一步用积分(这样我们就可以很容易地演示微分步骤)表示不同轨迹上的期望,表达式为:

$$J_{(\theta)} = \int_\tau r_{(\tau)} \Delta_\theta P(\tau \nrightarrow \theta) \tau \tag{10.5}$$

为了得到上述表达式的梯度,函数 J 需要对参数 θ 求导:

$$\Delta_\theta J_{(\theta)} = \int_\tau r_{(\tau)} \Delta_\theta P(\tau \nrightarrow \theta) \tau \tag{10.6}$$

由于数学上的"难解性",式(10.6)难以求解。一个数学上难解的问题,是指那些没有数学公式来有效解决的问题。式(10.6)是难以处理的,因为在上面的方程中,我们试图计算一个函数 $p(\tau;\theta)$ 对参数(向量)$\boldsymbol{\theta}$ 的微分,而函数本身依赖于这个参数。因此,在精确的数学解中,很难实现策略梯度法。接下来,我们将学习一个非常重要的算法"REINFORCE",并对上述方程进行相应的数学简化来解决这个问题。

10.4 REINFORCE 算法

REINFORCE 算法是由 Ronald J. Williams 提出的。Ronald 还对式(10.6)进行了一些数学上的简化,以便在提出的算法中实现。在极限条件下,式(10.6)中难处理部分的微分可改写为式(10.7a),式(10.7b):

$$\Delta_\theta P(\tau \nrightarrow \theta) \tau = P(\tau \nrightarrow \theta) \frac{\Delta_\theta P(\tau \nrightarrow \theta)}{P(\tau \nrightarrow \theta)} \tag{10.7a}$$

或在极限条件下,式(10.7a)可改写为式(10.7b):

$$\Delta_\theta P(\tau \nrightarrow \theta) \tau = P(\tau \nrightarrow \theta) \Delta_\theta \log P(\tau \nrightarrow \theta) \tag{10.7b}$$

因此,将式(10.6)改写为这个极限形式,我们得到式(10.8):

$$\Delta_\theta J_\theta = \int_\tau (r_{(\tau)} \Delta_\theta \log P(\tau \nrightarrow \theta)) P(\tau \nrightarrow \theta) \mathrm{d}\tau \tag{10.8}$$

将式(10.8)改写为期望形式,得到式(10.9):

$$\Delta_\theta J_\theta = \mathop{E}_{\tau \sim P(\tau \nrightarrow \theta)} [r_\tau \Delta_\theta \log P(\tau \nrightarrow \theta)] \tag{10.9}$$

这是数学简化的一部分。在上述形式中,该方法可以使用"蒙特卡罗"抽样实现。在蒙特卡罗抽样中,我们可以模拟与给定策略相对应的多个实验,并从这些实验中提取数据。因此,REINFORCE 方法也可以被称为蒙特卡罗的策略梯度方法,或简称为"蒙特卡罗策略梯度"。但在实现这一点时,还存在另一个实际的(不一定是数学上的)问题,即确定在给定策略下不同轨迹的概率 $P(\tau \not\Rightarrow \theta)$。因此,现在即使我们可以从数学上解决这个问题,也没有有效的方法来提前获得必要的轨迹概率。这个问题也可以通过稍微改变这个方程的数学来解决,即

$$\mathbb{P}(\tau \not\Rightarrow \theta) = \prod_{t \geq 0} \mathbb{P}(s_{t+1} | s_t, a_t) \pi_\theta(a_t | s_t) \quad (10.10)$$

由于在马尔可夫决策过程(MDP)下,我们假设达到某个给定状态与之前发生的事件无关,在这个条件独立假设下,我们可以将轨迹中后续的状态转换概率相乘,以获得总体轨迹概率,如式(10.10)所示。因此,$\log p(\tau;\theta)$,可以改写为:

$$\log \mathbb{P}(\tau \not\Rightarrow \theta) = \sum_{t \geq 0} \log \mathbb{P}(s_{t+1} | s_t, a_t) + \log \pi_\theta(a_t | s_t) \quad (10.11)$$

因此 $\log p(\tau;\theta)$ 的微分公式不像前面那样依赖于轨迹概率分布。它只依赖于一系列的状态转移概率,就像我们之前在其他算法中用到的那样。这进一步简化了式(10.11),并删除了对轨迹概率的要求,如式(10.12)所示:

$$\Delta_\theta \log \mathbb{P}(\tau \not\Rightarrow \theta) = \sum_{t \geq 0} \Delta_\theta \log \pi_\theta(a_t | s_t) \quad (10.12)$$

因此,重写策略值 J 的梯度式(10.9),将轨迹概率分布替换为式(10.12)的形式,则式(10.13)为:

$$\Delta_\theta J_{(\theta)} \approx \sum_{t \geq 0} r_{(\tau)} \Delta_\theta \log \pi_\theta(a_t | s_t) \quad (10.13)$$

10.4.1 REINFORCE 算法的不足

尽管对算法进行了不同程度的简化和改进,但 REINFORCE 算法并没有在实际中得到应用。这是因为使用 REINFORCE 方法得到的梯度有很高的方差。

差异如此之大的一个原因是"REINFORCE"所使用的奖励形式。在 REINFORCE 中使用了绝对的奖励,并且随着蒙特卡罗的每次实验,奖励可能会有很大的变化。得到的梯度就带来了很高的方差。尽管如此,理解我们讨论的两个数学增强是非常重要的,因为大多数策略梯度方法使用了 REINFORCE 算法的某些部分,特别是数学简化并进一步发展。稍后,我们将讨论一些算法如何采取这些增强,并对计算进行轻微修改,以克服这种高方差问题。

造成这种高差异的另一个原因是奖励归属于轨迹中的特定状态 - 行动实例。由于 REINFORCE 在某种意义上平均了给定轨迹中的奖励,所以如果奖励仅仅是由于某些特定的良好状态 - 行动决策,而不是由于同一轨迹/实验中的大多数其他状态行动,那么仅对这些状态行动进行正确和具体的归因就变得具有挑战性。这种效应进一步导致高方差。

10.4.2　REINFORCE 算法的伪代码

上面的方程可以使用下面的伪代码以一种迭代的"蒙特卡罗"式方法实现。

```
function REINFORCE
    Initialise θ arbitrarily
    for each episode {(s₁,a₁,r₂),...,(s_{T-1},a_{T-1},r_T)}~π_θ do
        for t = 1 to T-1 do
            θ←θ+α∇_θlogπ_θ(s_t,a_t)v_t
        end for
    end for
    return θ
end function
```

其中,v_t 为 $Q_{\pi\theta}(s_t, a_t)$ 的无偏估计样本,α 为步长。

10.5　REINFORCE 算法中减少方差的方法

正如我们在前面关于 REINFORCE 算法缺点的部分中发现的那样,由于策略梯度中的方差,REINFORCE 算法的实用性受到了严重的限制。这种高方差主要是因为我们无法确定并明确地识别出在特定轨迹中行动与奖励的归因。这反过来意味着我们不能积极地移动梯度,从而使随后更新的策略能够支持获取最好奖励的行动,并限制梯度以阻止不那么有回报的行动。在本节中,我们将讨论一些可以用来克服 REINFORCE 算法中这个问题的方法。

应该指出的是,我们接下来将讨论的一些减少方差的方法及其后续变体对于大多数基于策略梯度的方法都是常见的,而不仅仅是 REINFORCE 算法。因此,将要讨论的技术也是属于"基于策略的方法"的一些其他算法的基础。所以,我们会把部分讨论延续到后面的章节。

10.5.1　基于未来累积奖励的归因

我们前面讨论过,策略估计函数(策略估计器)的梯度可以表示为式(10.13)。正如我们所注意到的,在这种形式中,过去所收到的奖励(或惩罚)也被赋予了轨迹中的所有行动,甚至是在收到特定的瞬时奖励(未来的行动)后发生在轨迹中的行动。这没什么意义。

例如,假设在我们之前讨论过的"网格世界"的例子中,特定状态下的一个行动让你通过移动到沟里而受到失去 100 点的惩罚。这种惩罚是否可以归因于其他特定状态下的行为,如在你到达"宝藏状态"之前的最后一种状态,这种状态会让你得到"宝藏"? 显然,这种归因似乎是不正确的。

虽然我们不能确定未来的哪个具体行动能在多大比例上归属于后续的未来奖励,但我们至少可以说,在某个特定行动(在某个特定状态下)之前实现的任何奖励都不能归属于实现奖励后的某个行动(如策略所建议的那样)。因此,我们将稍微改变式(10.13),限制未来累积奖励的归属、任何当前的行动或特定的政策决定(特定状态下的行动)。这可以表示为式(10.14):

$$\Delta_\theta J_{(\theta)} \approx \sum_{t \geq 0} \left(\sum_{t' \geq t} r_{(\tau)} \right) \Delta_\theta \log \pi_\theta(a_t \mid s_t) \qquad (10.14)$$

10.5.2 未来累计奖励折扣

正如我们在前面讨论过的,将所有奖励的归属改为所有未来奖励会有所帮助。我们还讨论了我们希望避免平均归因所有未来行动(策略决定)。其中一种方法是在将未来的奖励归因于特定的行为之前,对其进行折扣。这能够确保最近的行动/策略能够获得更高的奖励。正如前文所述,这背后的直觉是,最近的行动可能比以前发生的行动更好地决定奖励的实现。

修改式(10.14)以包含折扣参数 c 并将其提高到即动作与奖励实现之间的步长/时间差,得到式(10.15):

$$\Delta_\theta J_{(\theta)} \approx \sum_{t \geq 0} \left(\sum_{t' \geq t} \gamma^{t'-t} r_{(\tau)} \right) \Delta_\theta \log \pi_\theta(a_t \mid s_t) \qquad (10.15)$$

10.5.3 带基线的 REINFORCE

在式(10.15)中,我们有能力积极地朝着确保更高奖励的梯度方向移动,并保守地朝着确保更少奖励的梯度方向移动。继续我们的主题,识别并将奖励/惩罚归因于正确的行动,我们需要开始区分更好的奖励和更坏的奖励。

为了进行说明,让我们进一步以"网格世界"为例。如果我们从一个特定的状态出发,无论我们移动到哪里,都会得到一些正的奖励,唯一不同的是奖励的数量或反应的延迟程度(如果使用折扣,延迟或延迟的奖励反过来也会反映在奖励的数量上)。我们最终会朝着不太有利的奖励方向前进(尽管速度稍慢),同时也会朝着更优的奖励方向前进(尽管速度比我们朝着较少奖励的行动方向前进更快)。这显然是适得其反的,因为从训练的角度看,我们打算尽可能清楚地区分和确定最佳行动。为了确保这一点,我们应清楚地识别出应该集中注意力的行动,只朝着最优奖励前进,甚至远离奖励较少的行动(即使这些奖励可能是积极的)。这是因为这些行动都伴随着机会成本。在采取低回报行动的同时,我们也可以采取更有回报的行动。所以,我们现在需要开始区分不同的行动以及它们的奖励量。

为了实现这一目标,我们需要了解多少行动比"基线(baseline)"情景更好或更差。这个"基线"可以是一个常数。但是这样一个固定的基准并不能有效地奖励那些更好的行为,并消极地奖励那些不那么好的行为。回想起我们在"竞争DQN"算法中关于"优势"的讨论,我们进行了类似的讨论,"优势函数"帮助我们识别特定状态下给定行动相对于状态基值的相对优势。因此,我们能够定量地区分一个状态中允许的不同行为。因此,本质上,我们使用状态的值作为该状态中允许的任何行动的"基线"(价值)。我们将在这里做类似的事情,为特定状态取一个基线奖励值,并计算实际(未来和折扣)获得的奖励与该基线的差值,据此评估优劣。这可以表示为式(10.16):

$$\Delta_\theta J_{(\theta)} \approx \sum_{t \geqslant 0} \Big(\sum_{t' \geqslant t} \gamma^{t'-t} r_{(\tau)} - b_{(s_t)} \Big) \Delta_\theta \log \pi_\theta (a_t \mid s_t) \qquad (10.16)$$

10.6　为REINFORCE算法选择基线

在前一节中,我们确定了为每个状态使用基线奖励值可能有助于区分好的行为与更好或更差的行为,因此也有助于减少REINFORCE算法的梯度方差。我们还简要讨论了竞争DQN算法中所处理的"优势"函数。但在基于策略梯度的REINFORCE中,我们不想(目前)进入状态值$V_{(s)}$计算,而希望有一个更简单的基线,可以反映特定状态的平均(未来,折扣)奖励的一些良好指示。

为了实现这一目标,人们可以提出不同类型的基线。不同的研究文献中提出了不同的基线。其中一条"基线"是经过这一特定状态的所有轨迹所获得的累积未来折扣奖励的恒定移动平均值。由于这样的奖励是在REINFORCE算法中计算的,我们不需要一个额外的价值计算函数,所以这种"基线"最终的实现可以简单而直接。

另一个更有表现力的基线可能是在特定状态下利用给定行动的实际优势,它由该状态下该行动的Q值与该状态的状态-价值V之间的差值($Q_{(s,a)} - V_{(s)}$)表示。此外,由于Q值和V值已经具有内在的奖励感,并且能够很好地区分不同类型的未来奖励和折扣奖励,所以我们不需要将这些因素单独包含进来。因此,可以修改式(10.16),使用Q和V函数将显式奖励和基线替换为复合奖励和基线,如式(10.17)所示:

$$\Delta_\theta J_{(\theta)} \approx \sum_{t \geqslant 0} (Q_{\pi_\theta, (s_t, a_t)} - V_{\pi_\theta, (s_t)}) \Delta_\theta \log \pi_\theta (a_t \mid s_t) \qquad (10.17)$$

10.7　小结

与基于价值的方法相反,尽管价值估计是随机的,但策略本身是确定的,基于策略的方法提供了一种具有随机策略的机制。基于策略的方法更直接,因为我们直接探索采取行动决策的策略,而不是首先估计价值,然后根据价值估计形成策略。基于策略的方法还提供了一种更好的机制,可以处理具有较大操作空间的场景,也可以处理需要持续的行动控制的场景。

但是基于策略的方法很难实现,特别是基于策略梯度的方法。其中一个原因是,寻找策略价值梯度在数学上是难解的。通过一些简化和极限假设,我们能够克服这个问题,并在一个名为 REINFORCE 的基于蒙特卡罗模拟的算法中实现。但是数学简化的结果导致在梯度计算中有存在很高方差的情况。

通过进一步的假设来纠正未来奖励和奖励基线的奖励归因,我们能够降低 REINFORCE 算法中梯度计算的方差。这种改进不仅限于 REINFORCE 算法,而且还将使其他先进的基于策略的方法更加实用,从而为具有较大行动空间的现实生活场景和需要连续行动控制的场景打开了更强大的强化学习的大门。

第11章 演员-评论家模型和A3C：异步优势演员-评论家模型

摘要 在本章中，我们将进一步采用基于策略梯度的基线REINFORCE算法的思想，并将该思想与DQN的价值估计思想结合起来，从而以演员-评论家（Actor-Critic）算法的形式将两者的优点结合在一起。我们将进一步讨论基于深度学习的逼近器模型的"优势"基线实现，并进一步将这一概念应用于同步（A2C）和异步（A3C）模式下的基于深度学习的优势演员-评论家算法的并行实现。

11.1 演员-评论家方法简介

到目前为止，我们已经在这本书中介绍了2种不同的方法来解决强化学习问题，即价值估计方法和策略梯度方法。价值估计方法的优点是在数学上简单，更容易实现。它甚至可以被用于在线的方式实现。一些价值评估方法，特别是单步方法（如基于TD(0)的方法）可以以真正在线的方式实现，甚至适用于连续的非事件性任务。另一方面，策略估计方法的优势是直接逼近策略，而不是间接估计价值，然后在价值的基础上确定策略。对于具有较大动作空间基数的任务，甚至需要连续行动控制的任务（一种极限情况是行动空间无限），也可以采用策略估计方法。

由于其潜在的难以处理的数学问题，策略近似方法难以实现。通过一些简化，REINFORCE算法提供了一个很好的解决方案，可以使用类似蒙特卡罗的方法实现策略梯度方法。由于类似蒙特卡罗方法的固有特性，REINFORCE不能提供一个真正的在线解决方案，并且在梯度近似中存在很大方差的问题。与基线相结合的REINFORCE为上面讨论的可变性问题提供了一个不错的解决方案。在不同类型的基线中，基于状态值的基线是一个简单的基线，但是我们需要额外估计状态价值。另一种获得良好基线的方法是使用"优势"估计作为基线。

在REINFORCE中使用"优势"估计作为基线，看起来类似于我们在第5章中讨论的竞争DQN。但是除了"优势"的概念之外，竞争DQN和REINFORCE算法之间并没有太多的相似之处,因为两者来自完全不同的算法家族,具有不同的方法和非常不同的数学原理。

我们可以看到基于价值估计和基于策略近似的方法在很大程度上是相互补充的。一个人的弱点几乎就是另一个人的长处。因此,结合这两种方法的优点可能会提供一个非常有前途的解决方案。此外,到目前为止,我们已经了解到 Q 学习算法家族是基于价值估计的强化学习中最先进的方法,而带基线的 REINFORCE 是迄今为止我们在基于策略梯度的强化学习方法中唯一合适的解决方案。结合这两种方法,我们得到了如图 11.1 所示的演员 – 评论家方法。

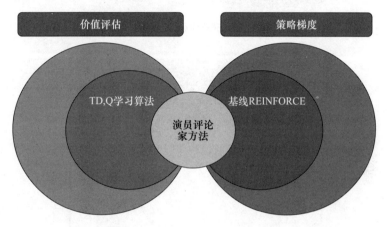

图 11.1　演员 – 评论家方法的启发

11.2　演员 – 评论家方法的概念设计

顾名思义,演员 – 评论家模型由演员和评论家组成。演员的角色就是采取行动。正如我们之前已经意识到的,在强化学习的背景下,要采取行动,我们需要一个策略。因此,在演员 – 评论家的方法中,演员使用策略来采取行动。

另一方面,评论家,扮演着对演员进行评判的角色,根据演员在特定状态下所采取行为的优劣提供反馈。

演员和评论家以这种方式协同工作(图 11.2)。行动者扮演一个积极的角色,与环境互动,对其采取行动并改变它。评论家接收到由此产生的奖励,据此更新并更正了自己的估计,并用修正后的估计价值更新演员。

环境随后会因为演员所采取的行动而发生改变,除了即时奖励,环境还会因为所采取的行动而发送新状态。新的状态被发送给二者,演员使用它来采取行动,评论家使用它来评估其价值估计,如图 11.3 所示。

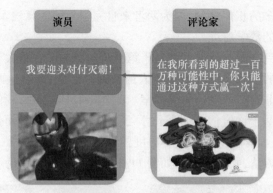

图 11.2　演员和评论家的角色

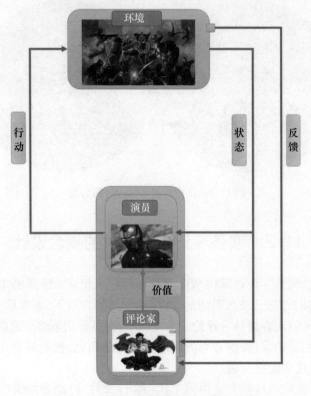

图 11.3　演员－评论家方法的概念设计

11.3　演员－评论家实现的架构

让我们更深入地探究演员和评论家的内在机制。为了在强化学习中采取行动,我们需要一个策略。在演员－评论家模型中,因为演员正在采取行动,所以这个策略需要与演员在一起。因此,演员有一个(随机)策略,用于在训练的每一步中采取行动,同时还使用与我们在上一章中讨论的相似的策略梯度方法来改进更新其策略(近似)。参与者的策略在训练期间不断更新,为了更新这个策略,它使用从评论家那里接收到的(状态)价值估计。评论家的价值估计作为演员使用策略梯度方法更新其策略的基线(图11.4)。

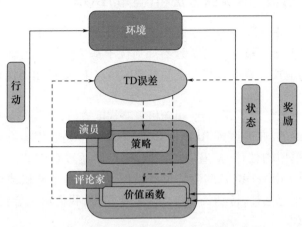

图11.4 演员-评论家方法实现的高级架构

虽然"带基线的REINFORCE"算法也使用状态值的估计值作为基线,但用于基线的REINFORCE算法所使用的状态值并不是自举的。也就是说,状态的值不会像在Q学习中那样在每次迭代中自我更新,因此,它不能被称为评论家,因为"评论家"本质上是引导的,因此对于评论家来说,在每次迭代中更新价值估计是至关重要的。后续状态值估计值之间的误差使用瞬时奖励和后续状态的折扣状态值计算,如式(11.1)所示。在这个方程中,γ是折现因子。下面的式(11.1)对应于一步返回更新,它类似于TD(0)没有资格迹(或特殊的资格迹)。如果需要,这个方程可以扩展为n步更新。在式(11.1)中,V为权重/参数向量W参数化的状态值估计函数,由于上述是一种自举方法,所以值估计函数的权值向量也需要在每一步发生变化。因此,在第t步,这个参数向量可以被记为W_t。任何终止状态的值都设为0。

$$\delta_t = R_t + \gamma V(S_{t+1}; W_t) - V(S_t; W_t) \tag{11.1}$$

一旦像式(11.1)那样估计了t时刻的误差,在随后的每个自举步骤中,就会更新评论家的价值估计函数。由于价值估计函数是由权重向量W参数化的,在每次迭代中将权重向量W从W_t更新为W_{t+1},如式(11.2)所示,由此便更新了价值估计函数。在式(11.2)中,α_w表示该值估计函数的学习率。

$$W_{t+1} = W_t + \alpha_w \delta_t \Delta_w V(S; W_t) \tag{11.2}$$

与评论家的价值估计函数的更新类似,演员的策略估计函数也在每次迭代中更新，如式(11.3)所示。在式(11.3)中，π 为策略估计函数，通过参数向量 θ 进行参数化，参数向量 θ 也在每次迭代中从 θ_t 更新到 θ_{t+1}，如式(11.3)所示，α_θ 作为策略估计函数更新的学习率。

$$\theta_{t+1} = \theta_t + \alpha_\theta \delta_t \Delta_\theta \log \pi(A|S;\theta_t) \tag{11.3}$$

11.3.1 演员-评论家方法和(竞争)DQN

在深度 Q 网络一章(第7章)中，我们介绍了用于动作价值估计的深度学习方法，并讨论了基于深度学习的估计器如何优于基于传统机器学习和其他迭代估计器，特别是应用在具有大状态空间基数的情况下，如使用图像和视频进行输入/观察。

在策略逼近的情况下，我们使用随机策略梯度方法，如我们在基于策略的方法的章节中讨论的"带基线的 REINFORCE"方法。但是我们会将其实现为一个在线深度学习模型的估计器/逼近器函数，它可以通过真正的在线方式更新策略，而不是通过 REINFORCE 的蒙特卡罗模拟方法。基于卷积神经网络的模型将是这方面的理想选择，特别是在许多现实生活中，我们可能会将图像/视频作为输入状态处理。

"带基线的 REINFORCE"算法需要一个基线，所以我们需要一些机制来得到这样的基线，我们可以使用状态价值估计。此外，正如我们在本章前面讨论过的，由于我们想要一个在每次迭代中都进行更新/自举的评论家，而不仅仅是某种简单的基线，我们也可以使用在线深度学习网络来进行(状态)价值估计部分。类似于策略估计器的深度学习模型，价值估计器的深度学习模型也需要在每次迭代中更新，以提供在线自举效应，使其成为真正的评论家(图 11.5)。

由于我们在这里需要两个基于深度学习的函数逼近器，一个用于策略估计(演员)，另一个用于价值估计(评论家)，并且两个逼近器需要相同的状态输入，因此通过在这两个网络需求之间尽可能多地共享深度学习网络的架构，我们不仅可以使计算更高效，而且还可以确保输入状态的底层处理。接收到的状态的解释对于演员和评论家来说是共同的，因此可以确保他们之间协调有序。

这个想法与我们在深度 Q 学习一章中讨论的竞争 DQN 网络中的想法非常相似。在那一章中我们还发现，由于这种独特的架构，竞争 DQN 比简单的 DQN 更强大，并且可以在标准化测试中超越它的表现。使用与之前竞争 DQN 类似的实现，我们将在演员和评论家逼近器的网络之间共享体系结构中的卷积层，并为它们各自的输出层提供专用的全连接层。

演员需要输出一个随机策略。因此，对于离散行动空间，演员网络需要以 SoftMax 激活层结束，其中神经元的数量与动作空间的基数一样多，每个神经元的输出表示采取该动作的概率。演员网络的输出表示给定状态下每个动作的优度概率,范围在[0,1]之间,其中所有可能动作的概率之和为1。

评论家网络需要输出对从环境接收到的输入状态/观察的价值估计,以便将其用作策略估计器的自举基线。由于这个估计值是一个单一的实值,也是一个连续的线性输出,因此评论家网络以一个单节点的"线性激活"作为结束。在使用深度学习时,对值进行缩放通常是有好处的。因此,在实际情况下,这个值可能不是状态价值的绝对值,而是某种比例的缩放表示。

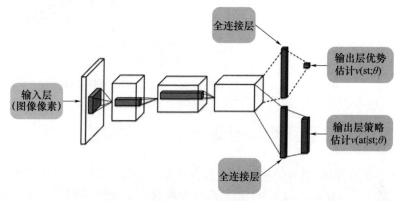

图11.5 带有基于状态价值的评估的基于CNN的演员–评论家模型实现

11.3.2 优势演员–评论家模型架构

在关于基于策略的方法的章节中讨论REINFORCE算法的改进时,我们讨论了一个理想的改进方法是使用"优势"估计值而不是其他基线,如固定的基线值、移动平均值、绝对状态价值。我们还讨论了如何使用"优势"作为基线,可以减少智能体/演员的近似函数的梯度方差,从而使其学习更快。

同样,在竞争DQN的章节中,我们看到这些算法不是计算动作价值,而是自然地估计"优势"。我们将这些想法合并在一起,在这里,让评论家产生一个自举的"优势"估计,而不是状态价值估计。由于评论家生成的"优势"估计是自举的,它仍然被认为是一个真正的评论家,并且它也在每次迭代中更新其近似函数。来自评论家的后续"优势"估计被输入给演员,演员将其作为基线(图11.6)。

对于REINFORCE算法,由于实现算法很困难,而且"优势"估计需要单独计算,所以通常会舍弃计算"优势"来换取REINFORCE算法实现的简单性。但在演员–评论家的情况下,特别是基于深度学习的演员–评论家实现,由于实现的复杂性与类似的基于深度学习的方法中基于状态的基线实现没有太大区别,因此在演员–评论家的情况下,基于"优势"的实现是首选,文献中的许多成果都使用了这种变体。

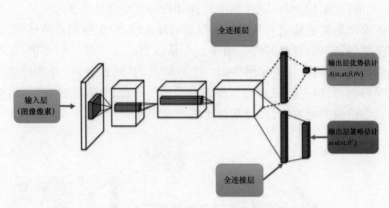

图 11.6　基于 CNN 的优势演员 – 评论家的说明性实现

11.4　异步优势行动者 – 评论家实现(A3C)

以 Q 学习为例,当我们改进了函数逼近器的底层机制,并将其替换为强大的基于深度学习模型的逼近器(如卷积神经网络)时,我们得到了一个超越所有已知模型性能的模型,甚至超越了人类对手在许多任务中的性能。现在,当我们将最佳的价值/优势估计方法、最佳的基于策略的方法和最佳的深度学习增强结合在一起时,尽管它肯定会在性能领域中选中所有正确的盒子,但这个系统唯一可以设想的缺点是,这种算法实现在复杂输入状态下的效率会被发现滞后。

但幸运的是,深度学习可以在图形处理单元(GPU)上大规模并行。这正是深度学习模型中基于优势演员 – 评论家算法的实现方式,但智能体的训练仍然需要大量时间。这种按顺序训练单智能体方法的另一个问题是我们已经在 DQN 章节中讨论过的,这与频繁相关的顺序输入状态有关,可能导致不稳定和偏差相关的问题,最终导致逼近器的收敛性问题。

我们还讨论了一些变通方法,如使用优先级存储缓冲区中的经验回放来解决这个问题。但是考虑到网络的大小,在训练大规模的演员 – 评论家模型的情况下,我们将需要一个非常大的存储缓冲区。

Deep Mind 团队提出的一个更好的方法是使用异步智能体进行演员 – 评论家优势(A3C)设计(图 11.7)。在这种方法中,不是按顺序训练单个智能体,而是同时生成多个智能体,并且它们都在不同的环境实例之间并行训练(跨多个 GPU 内核)。

有一个全局网络参数服务器来存储演员和评论家的参数。任何新生成的智能体都会从全局网络参数服务器复制当前参数值,并在独立地使用环境实例进行训练时更新参数副本。经过一些固定的步骤,或到达终止状态后,智能体将与

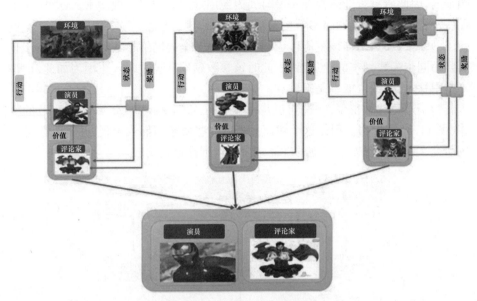

图 11.7　A3C 的高层构想

全局网络参数服务器中的全局参数合并更新，然后复制现在更新的全局网络参数，并恢复与各自环境实例的交互。

由于每个智能体都有自己的环境副本，因而基本上每个智能体都在处理不同且不相关的状态（来自同一环境类的不同实例），因此，后续的全局更新是不相关的。这带来了训练的稳定性，并避免了为每个智能体单独提供非常大的经验回放内存的需要。

异步优势演员-评论家（A3C）模型实现可以被认为是深度强化学习的最先进技术。异步优势演员-评论家模型不仅在 Atari 2600 游戏中表现得和 DQN 一样好，甚至更好，而且它可以在 DQN 的一半时间内达到 DQN 级别的性能，而且在 CPU 而不是 GPU 上进行训练时也是如此。在 SARSA(0)、Q 学习(n-step)和演员评论家（A3C）算法的不同异步并行实现中，A3C 算法被发现提供了最好的结果。

11.5　（同步）优势演员-评论家实现（A2C）

异步优势演员-评论家（A3C）是我们前面提到的（非并行的）演员-评论家优势体系结构的并行实现。A3C 的实现可以取得很好的效果这一点在 Atari 2600 和其他标准化强化学习挑战中已被验证。但是 A3C 有一个缺点，即由于不同的并行智能体是异步且独立地与集中式参数服务器中的全局网络参数同步的,因此所有智能体都在一段时间内使用过期的网络参数副本。此外,由于在特定智能体与全局网络参数的最后一次同步时,其他一些智能体可能已经更新了网络参数,然后当该智能体返回来再次更新全局网络参数时,它将更新基于其初始同步参数副本的全局参数,此时该参数副本已经过时。正因为如此,训练不是很稳定,收敛可能不是很顺利。

为了避免这种现象,一种同步并行实现的 A2C(Advantage Actor-Critic)的变体(图 11.8)被提出。但是这个建议只是以一些博客的形式出现,并没有在标准的研究文献中对该方案实施的性能结果进行标准化的比较。

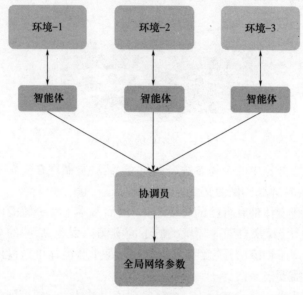

图 11.8 (同步)A2C 的高级概念

在同步并行 A2C 中,与集中式参数服务器中的所有智能体采用异步方式与全局网络参数同步不同,它们都以同步方式更新。由于所有的智能体都是同步工作并同时进行更新,因此它们都不需要单独或直接地更新全局网络。

同步并行 A2C 的工作原理很像一个小批量梯度更新,由于每个智能体的步数是相同的,因此可以计算所有智能体的梯度更新的简单平均值,并使用计算的平均梯度更新来更新全局网络参数。

这种跨所有独立智能体的协调工作是由一个称为"协调器"的系统完成的。由于所有智能体都是相似的,并且在相同数量的步骤后同步更新,因此在实际实现中,不需要生成不同的智能体,相同的智能体与环境类的不同实例化可以达到预期的效果。

11.6 小结

基于策略的方法,特别是基于策略梯度的方法非常有前途,但同时也不太容易实现。基于价值估计的方法易于实现,但不如策略梯度方法好。将两者结合起来,我们就得到了演员－评论家算法,它为强化学习实现带来了上述两种方法的优点。与"带基线的 REINFORCE"算法相反,演员－评论家中的基线更新是自举的,因此工作起来像一个评论家。

在演员－评论家模型中,演员和评论家一起工作,形成一个智能体。演员积极地参与环境来操纵它。评论家为智能体的更新提供基线估计,然后接收来自环境的下一个状态来更新自己,类似于在线价值估计方法中的状态。演员－评论家因此需要两个函数逼近器,一个用于评论家的价值估计器,另一个用于演员的策略逼近器。这两个模型网络在理想情况下也可以是基于深度学习的模型,在这种情况下,它们还可以共享大部分参数的网络(如 CNN 层)架构,特别是从传入状态中提取特征的模型架构部分。

演员－评论家模型的多个智能体也可以并行工作,与它们各自的环境实例进行交互,从而不仅使训练更快,而且消除了许多偏差,并避免了大量的内存需求。并行方法可以由同步和异步两种方式实现。异步优势演员－评论家(A3C)的实现相当成功,在 Atari 2600 游戏中超过了许多先前模型的最佳分数。

第 12 章 A3C 的代码：编写异步优势演员–评论家代码

摘要 在本章中，我们将介绍异步优势演员–评论家模型。为此，我们使用 TensorFlow 的 Keras 实现。我们使用 Keras 的子类化特性和即时执行功能来定义演员–评论家模型。主智能体和辅助智能体都使用这个模型。异步工作线程被实现为不同的线程，在每隔几步或完成各自的插曲后与主线程同步。

12.1 项目结构和依赖关系

就像第 9 章中介绍的 Q 学习代码一样，我们继续使用基于 Python 3.6.5 和 PyCharm IDE 的相同虚拟环境（DRL）。

本章中的附加要求是基于深度学习的依赖关系和 OpenAI Gym 的环境。为了实现深度学习模型，我们使用了来自 TensorFlow 实现（v 1.12.0）的 Keras 封装，如图 12.1 所示。在 Gym 中，我们使用的是"CartPole-v0"环境，但是我们也鼓励读者尝试其他环境，这就像在"environment"参数中更改这个名称一样简单。

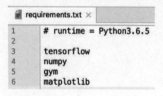

图 12.1 Requirements.txt

该代码的灵感主要来自 TensorFlow 官方 GitHub 存储库中提供的 A3C 实现（参考链接）。代码在模型体系结构方面得到了进一步的增强，并进行了重写，使其结构与本书迄今为止使用的代码流兼容，并增强了代码的清晰性和直观性。

代码有一个 Actor-Critic Model 类，它为 A3C 中的主程序和辅助程序定义了通用近似器模型。工作者在模型的副本和他们自己的环境实例上工作，以计算所需的梯度更新，然后更新主模型的梯度，然后复制主模型的参数。

Model 类是使用 tf.python.keras 的子分类特性定义的模型类。这是一个高级特性，它使得需要共享网络、共享输入或剩余连接的复杂模型的实现更加简单。我们使用一个共享的网络体系结构,其中策略函数和值逼近函数共享实现 DNN 网络的主要部分,然后分离为各自的层。该模型还使用了 TensorFlow 的"即时执行"特性,这使得以函数式编程的方式构建和调试模型变得更容易,而且在我们的实现中,模型需要预先构建以进行实例化。另一种实现类似功能的方法(尽管需要一些代码)是使用 Keras 的 Functional API。我们鼓励读者浏览函数 API 和模型子类化参考文献中的链接,并尝试不同的实现。

该代码有 Master 类和 Worker 类。Master 类是 A3C 实现的入口点。Master 实例化了一个演员-评论家模型的副本,以保留其可训练的权重,这样工作人员就有了一个权重/网络参数的全局副本来更新和同步。Master 类在本地机器上调用与 CPU 线程数(在现代 CPU 的情况下,每个 CPU 内核可以有多个线程)相同数量的 worker。每个 worker 实例化一个演员-评论家模型和环境的本地副本。

在模型实现中,我们为 DNN 提供了两个隐藏层,这两个隐藏层在策略网络和价值网络之间共享。从最后一个共享隐藏层开始,策略网络和价值网络都分化为各自的专用层。策略和价值网络都有自己的专用隐藏层,后面跟着各自的价值层。正如第 11 章关于这些模型的架构所述,策略网络以一个 SoftMax 层(或者是一个"密集" logit 层,如上所述,SoftMax 函数应用于此层)结束,其神经元数量与动作空间的基数一样多,它提供了类概率来启用随机策略(动作是基于该层预测的动作概率的样本)。价值网络以单个神经元层结束,提供价值估计。

这些工作人员继续摆弄他们的环境副本,并不断更新他们的本地模型副本,直到他们完成一集或达到强制与主同步的最大步数。在同步过程中,工人计算他们的模型所需的梯度更新,然后更新全局模型的网络参数,在此更新之后,工作人员将更新后的状态(模型可训练权重)从全局模型复制到他们的本地模型副本,并继续使用他们的环境副本。

Worker 类是作为"threading. Thread"类的实例实现的。Worker 的线程实现允许在不同的 Worker 之间直接共享内存空间,这样就可以非常容易地共享交互所需的全局变量,而无须在多处理器环境中使用稍微复杂一点的方法来实现类似的效果。但是多线程实现可能没有真正的多处理实现那么高效或可扩展。Python 有一个全局解释器锁(GIL),因为真正的多处理在 Python 中不可能直接实现,可能需要外部库/软件支持才能做到这一点。实现这一点的一种更简单的方法是使用支持分布式任务队列的软件包来实现多处理任务队列。Python 中的多处理库可能还提供了一个不错的,但不那么可伸缩的选项。鼓励读者尝试不同的 Worker 类异步实现机制和共享变量的相关机制,以及 Worker 类和 Master 类之间的协调机制。

最后,我们还有一个内存类的自定义实现。这次我们使用了一个非常简单的带内存的列表,而不是 Deque。自定义异常类与我们在第 9 章中介绍的没有任何变化。

包含所有这些代码和模型文件的项目最终结构如图 12.2 所示。

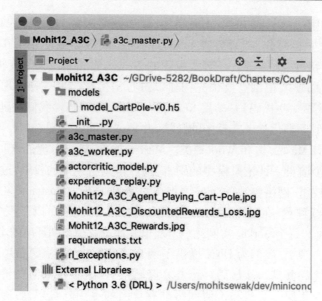

图 12.2　DDQN 项目的项目结构

12.2　代码（A3C_Master—File：a3c_master.py）

"""A3C in Code - Centralized/ Gobal Network Parameter Server/ Controller

A3C Code as in the book Deep Reinforcement Learning, Chapter12.

Runtime: Python 3.6.5
Dependencies: numpy, matplotlib, tensorflow (/ tensorflow- gpu), gym
DocStrings: GoogleStyle

Author : Mohit Sewak (p20150023@goa-bits-pilani,ac.in)
Inspired from: A3C implementation on TensorFLow official github repository (Tensorflow/ models/research)
"""

```
import logging
# making general imports
import multiprocessing
import os
import numpy as np
# making deep learning and env related imports
import tensorflow as tf
import gym
import matplotlib.pyplot as plt
# making imports of custom modules
```

```python
from experience_replay import SimpleListBasedMemory
from actorcritic_model import ActorCriticModel
from a3c_worker import A3C_Worker
# Configuring logging and Creating logger, setting the log to streaming,
# and level as DEBUG
logging.basicConfig()
logger = logging.getLogger()
logger.setLevel(logging.DEBUG)

class A3C_Master():
    """A3C Master

    Centralized Master class of A3C used for hosting the global network parameters and spawning the agents.

    Args:
        env_name (str): Name of a valid gym environment
        model_dir (str): Directory for saving the model during training, and loading the same while playing
        learning_rate (float):The learning rate (alpha) for the optimizer

    Examples:
        agent = A3C_Master()
        agent.train()
        agent.play()
    """

    def __init__(self, env_name='CartPole-v0', model_dir="models", learning_rate=0.001):
        self.env_name = env_name
        self.model_dir = model_dir
        self.alpha = learning_rate
        if not os.path.exists(model_dir):
            os.makedirs(model_dir)
        self.env = gym.make(self.env_name)
        self.state_size = self.env.observation_space.shape[0]
        self.action_size = self.env.action_space.n
        self.optimizer = tf.train.AdamOptimizer(self.alpha, use_locking=True)
        logger.debug("StateSize:{}, ActionSize:{}".format(self.state_size, self.action_size))
        self.master_model = ActorCriticModel(self.action_size) # global network
        self.master_model(tf.convert_to_tensor(np.random.random((1, self.state_size)), dtype=tf.float32))

    def train(self):
```

```python
"""Train the A3C agent
Main function to train the A3C agent after instantiation.
This method uses the number of processor cores to spawns as many Workers. The workers are spawned as
multiple parallel threads instead of multiple parallel processes. Being a threaded execution, the workers
share memory and hence can write directly into the shared global variables.

A more optimal, completely asynchronous implementation could be to spawn the workers as different processes
using a task queue or multiprocessing. In case if this is adopted, then the shared variables need to made
accessible in the distributed environment.
"""
a3c_workers = [A3C_Worker(self.master_model, self.optimizer, i, self.env_name, self.model_dir)
        for i in range(multiprocessing.cpu_count())]
    for i, worker in enumerate(a3c_workers):
        logger.info("Starting worker {}".format(i))
        worker.start()
    [worker.join() for worker in a3c_workers]
    self.plot_training_statistics()

def play( self):
    """Play the environment using a trained agent
    This funltion opens a (graphical) window that will play a trained agent. The function will try to retrieve
    the model saved in the model_dir with filename formatted to contain the associated env_name.
    If the model is not found, then the function will first call the train function to start the training.
    """
    env = self.env.unwrapped state = env.reset()
    model = self.master_model
    model_path = os.path.join(self.model_dir, 'model_{}.h5'.format(self.env_name))
    if not os.path.exists(model_path):
        logger.info('A3CMaster: No model found at {}, starting fresh training before playing!'.format(model_path))
        self.train()
    logger.info('A3CMaster: Playing env, Loading model from: {}'.format(model_path))
    model.load_weights(model_path)
    done = False
```

```python
            step_counter = 0
            reward_sum = 0
        try:
            while not done:
                env.render(mode='rgb_array')
                policy, value = model(tf.convert_to_tensor(state[None, :], dtype=tf.float32))
                policy = tf.nn.softmax(policy)
                action = np.argmax(policy)
                state, reward, done, _ = env.step(action)
                reward_sum += reward
                logger.info("{}.Reward: {},action: {}".format(step_counter, reward_sum,action))
                step_counter += 1
        except KeyboardInterrupt:
            print("Received Keyboard Interrupt. Shutting down.")
        finally:
            env.close()

    def plot_training_statistics(self, training_statistics=None):
        """plot training statistics
        This function plot the training statistics like the steps, rewards, discounted_rewards, and loss in each
        of the training episode.
        """
        training_statistics = A3C_Worker.global_shared_training_stats if training_statistics is None \
            else training_statistics
        all_episodes = []
        all_steps = []
        all_rewards = []
        all_discounted_rewards = []
        all_losses = []
        for stats in training_statistics: worker, episode, steps, reward, discounted_rewards,loss = stats
            all_episodes.append(episode)
            all_steps.append(steps)
            all_rewards.append( reward)
            all_discounted_rewards.append(discounted_rewards)
            all_losses.append(loss)
        self._make_double_axis_plot(all_episodes, all_steps, all_rewards)
self._make_double_axis_plot(all_episodes,all_discounted_rewards,all_losses,label_y1="Discounted Reward", label_y2="Loss",color_y1="cyan", color_y2="black")
```

```python
@staticmethod
def _make_double_axis_plot(data_x,data_y1,data_y2,
x_label='Episodes (e)', label_y1='Steps To Episode Completion',
label_y2='Reward in each Episode', color_y1="red", color_y2="blue"):
    """Internal helper function for plotting dual axis plots
    """
    fig, ax1 = plt.subplots()
    ax1.set_xlabel(x_label)
    ax1.set_ylabel(label_y1, color=color_y1)
    ax1.plot(data_x, data_y1,color=color_y1)
    ax2 = ax1.twinx()
    ax2.set_ylabel(label_y2,color=color_y2)
    ax2.plot(data_x,data_y2, color=color_y2)
    fig.tight_layout()
    plt.show()

if __name__ == "__main__":
    """Main function for testing the A3C Master code's implementation
    """
    agent = A3C_Master()
    agent.train()
    agent.play()
```

12.2.1 A3C_Worker(文件:a3c_worker.py)

```
""" A3C in Code - A3C Worker

A3C Code as in the book Deep Reinforcement' Learning,Chapter12.

Runtime: Python 3.6.5
Dependencies: numpy, matplotlib, tensorflow (/tensorflow-gpu), gym
DocStrings: GoogleStyle

Author: Mohit Sewak (p20150023@goa-bits-pilani.ac.in)

"""
import logging
# making general imports
import threading
import os
import numpy as np
# making deep learning and env related imports
import tensorflow as tf
import gym
# making imports of custom modules
from experience_replay import SimpleListBasedMemory
from actorcritic_model import ActorCriticModel
```

```python
# Configuring logging and Creating logger, setting the log to streaming,
# and level as DEBUG
logging.basicConfig()
logger = logging.getLogger() logger.setLevel(logging.DEBUG)

class A3C_Worker(threading.Thread):
    """ A3C Worker Class

    A3C Worker implemented as a thread (extends threading.Thread).
    The function computes the gradient of the policy and value networks'
    updates and then update the global network parameters of a similar
    policy and value networks after every some steps or after completion
    of a worker's episode.
    """
    global_constant_max_episodes_across_all_workers = 10000
    global_constant_total_steps_before_sync_for_any_workers = 10
    global_shared_best_episode_score = 0
    global_shared_total_episodes_across_all_workers = 0
    global_shared_semaphore = threading.Lock()
    global_shared_training_stats = []
    global_shared_episode_reward = 0

    def __init__(self, central_a3c_model, optimizer,
worker_id, env_name, model_dir, discounting_factor=0.99):
        """Initialize the A3C worker instance

        Args:
            central_a3c_model(ActorCriticModel):An instance of the
ActorCriticModel or similar model shared by the A3C master
            optimizer (tf.train.Optimizer): An instance of the Optimizer
object as used in the A3C_Master to update its network parameters.
            worker_id (int): An integer representing the id of the instan-
tiated worker.
            model_dir (str): dir for saving the model.
Should be the same location from where the A3C_Master will retrieve the
trained model for playing.
            discounting_factor(float): Value of gamma,
the discounting factor for future rewards.
        """
        super(A3C_Worker, self).__init__()
        self.central_a3c_model = central_a3c_model
        self.optimizer = optimizer self.worker_id = worker_id
        self.env_name = env_name
        self.env = gym.make(env_name).unwrapped
        self.n_states = self.env.observation_space.shape[0]
        self.n_actions = self.env.action_space.n
        self.gamma = discounting_factor
```

```python
        self.worker_model = ActorCriticModel(self.n_actions)
        self.memory = SimpleListBasedMemory()
        self.model_dir = model_dir
        self.this_episode_loss = 0
        self.this_episode_steps = 0
        self.this_episode_reward = 0
        self.this_episode_discountedreward = 0
        self.total_steps = 0
        self.steps_since_last_sync = 0
        logger.debug("Instantiating env for worker id: {}".format(self.worker_id))
    def run(self):
        """Thread's run function

        This is the default function that is executed when a the start() function of a class instance that extends
            threading.Thread class is called
        This function has the majority of the logic for the worker's functioning.
        """
        logger.debug("Starting execution of thread for worker id: {}".format(self.worker_id))
        while A3C_Worker.global_shared_total_episodes_across_all_workers < A3C_Worker.global_constant_max_episodes_across_all_workers:
            A3C_Worker.global_shared_total_episodes_across_all_workers += 1
            logger.info("Starting episode {}/{} using worker {}".format(
                A3C_Worker.global_shared_total_episodes_across_all_workers,
                A3C_Worker.global_constant_max_episodes_across_all_workers, self.worker_id))
            done = False
            current_state = self._reset_episode_stats()
            while not done:
                self._increment_all_steps()
                policy_logits, values = self.worker_model(tf.convert_to_tensor(np.random.random((1, self.n_states)), dtype=tf.float32))
                stochastic_action_probabilities = tf.nn.softmax(policy_logits)
                stochastic_policy_driven_action = np.random.choice(self.n_actions, p=stochastic_action_probabilities.numpy()[0])
                action = stochastic_policy_driven_action
```

```python
            new_state, reward, done, _ = self.env.step(action)
            if done:
                reward = -1
            self.this_episode_reward += reward
            self.memory.store(current_state, action, reward)
            if self.steps_since_last_sync >= A3C_Worker.global_constant_total_steps_before_sync_for_any_workers or done:
                self._sync_worker_gradient_updates_with_global_model(done, new_state)
            if done:
                A3C_Worker.global_shared_training_stats.append((self.worker_id, A3C_Worker.global_shared_total_episodes_across_all_workers, self.this_episode_steps, self.this_episode_reward, self.this_episode_discountedreward, self.this_episode_loss))
                if self.this_episode_reward > A3C_Worker.global_shared_best_episode_score:
                    self._update_best_model()

    def _update_best_model(self):
        """Rewrite the saved model with a beteer performing one

        This function rewrites the existing model (if any) saved in the model_dir, if any worker thread happens
        to obtain a better score in any of the episodes than the laste best score for an episode by any of the workers.
        """
        A3C_Worker.global_shared_best_episode_score = self.this_episode_reward
        with A3C_Worker.global_shared_semaphore:
            logger.info("Saving best model - worker:{}, episode:{},episode-steps:{},"
                        "episode-reward: {}, episode-discounted-reward:{}, episode-loss:{}".
                        format(self.worker_id, A3C_Worker.global_shared_total_episodes_across_all_workers,
                               self.this_episode_steps, self.this_episode_reward,
                               self.this_episode_discountedreward, self.this_episode_loss))
            self.central_a3c_model.save_weights(os.path.join(self.model_dir,'model_{}.h5'.format(self.env_name)))

    def _reset_episode_stats(self):
        """Internal helper function to reset the episodal statistics
```

```python
    """
    self.this_episode_steps = 0
    self.this_episode_loss = 0
    self.this_episode_reward = 0
    self.this_episode_discountedreward = 0
    self.memory.clear()
    return self.env.reset()

def _increment_all_steps(self):
    """Internal helper function to increment the step counts in a workers execution.
    """
    self.total_steps += 1
    self.steps_since_last_sync += 1
    self.this_episode_steps += 1

def _sync_worker_gradient_updates_with_global_model(self, done, new_state):
    """Internal helper function to sync the gradient updates of the worker with the master

        This function is called whenever either an episodes ends or a pecified number of steps have elapsed since
        a particular worker synced with the master.
    In this process the losses for the policy and values are computed and the loss function is differentiated
        to fund the gradient. The so obtained gradient is used to update the weights of the master (global network)
        model parameters. Then the worker copies the updated weights of the master and resumes training.
    """
    with tf.GradientTape() as tape:
        total_loss = self._compute_loss(done, new_state)
    self.this_episode_loss += total_loss
    # Calculate local gradients
    grads = tape.gradient(total_loss, self.worker_model.trainable_weights)
    # Push local gradients to global model
    self.optimizer.apply_gradients(zip(grads, self.central_a3c_model.trainable_weights))
    # Update local model with new weights
    self.worker_model.set_weights(self.central_a3c_model.get_weights())
    self.memory.clear()
    self.steps_since_last_sync = 0

def _compute_loss(self, done, new_state):
```

```python
        """Function to compute the loss

        This method compute the loss as required by the
_sync_worker_gradient_updates_with_global_model
        method to compute the gradients
        """
        if done:
            reward_sum = 0. # terminal
        else:
            reward_sum =
self.worker_model(tf.convert_to_tensor(new_state[None,
:],dtype=tf.float32))[-1].numpy()[0]
        # Get discounted rewards
        discounted_rewards= []
        for reward in self.memory.rewards[::-1]: # revers buffer r
            reward_sum = reward + self.gamma * reward_sum
            discounted_rewards.append(reward_sum)
        discounted_rewards.reverse()
self.this_episode_discountedreward=np.float(discounted_rewards[0])
        # logger.info("Reward episode:{},step:{} =
{}".format(A3C_worker.global_shared_total_episodes_across_all
_workers,self.this_episode_steps,self.memory.rewards[::-1]))
        # logger.info("Discounted-Reward episode:{},step:{} =
{}".format(A3C_Worker.global_shared_total_episodes_across_all
_workers,self.this_episode_steps,discounted_rewards))
        logits, values =
self.worker_model(tf.convert_to_tensor(np.vstack(self.memory.
states),dtype=tf.float32))
        # Get our advantages
        advantage =
tf.convert_to_tensor(np.array(disounted_rewards)[:,None],
dtype=tf.float32) - values
        # Value loss
        value_loss = advantage ** 2
        # Calculate our policy loss
        policy = tf.nn.softmax(logits)
        entropy =
tf.nn.softmax_cross_entropy_with_logits_v2(labels=policy,
logits=logits)
        policy_loss =
tf.nn.sparse_softmax_cross_entropy_with_logits(labels=self.
memory.actions,logits=logits)
        policy_loss *= tf.stop_gradient(advantage)
        policy_loss -= 0.01 *entropy
        total_loss = tf.reduce_mean((0.5 * value_loss +
```

```
        policy_loss))
            return total_loss
if __name__ == "__main__":
    raise NotImplementedError("This class needs to be imported and instantiated from a Reinforcement Learning "
    "agent class and does not contain any invokable code in the main function")
```

12.2.2　Actor-Critic(TensorFlow)模型(文件:actorcritic_model.py)

```
""" A3C in Code - The Deep Learning Model for the Approximators
A3C Code as in the book Deep Reinforcement Learning,Chapter12.
Runtime: Python 3.6.5
Dependencies: numpy, matplotlib, tensorflow (/ tensorflow- gpu), gym
DocStrings: GoogleStyle
Author : Mohit Sewak (p20150023@goa-bits-pilani.ac.in)
"""
# Making common imports
import logging
# Making tensorflow and keras(tensorflow instance of keras) imports for subclassing the model and define architecture.
import tensorflow as tf
from tensorflow.python import keras
from tensorflow.python.keras import layers
# Configuring logging and Creating logger, setting the log to streaming, and level as DEBUG
logging.basicConfig()
logger = logging.getLogger()
logger.setLevel(logging.DEBUG)

# Enabling eager execution for tensorflow
tf.enable_eager_execution()

class ActorCriticModel(keras.Model):
    """ A3C Model

    This class is for the policy and value approximator model for the A3C
    Both the master and the all the workers use individual instances of the same model class.

    This variant of the model class extends the keras.model and use tf.Model Sub-Classing feature.
```

In a sub-class(ed) model, advanced features like shared network, shared inputs and residual networks could
    be easily implemented. The network layers need to defined in the __init__() method, and then their connection
    as required in the forward pass needs to be defined in the call or __call__ method.
    TensorFlow eager execution needs to be enabled for this to work as desired.
    Arguments:
        n_action (int):Cardinality of the action_space
common_network_size(list):Defines the number of neurons in different hidden layers of the common/
        shared layers
        policy_network_size(int): Number of neurons in the hidden layer specific to the policy_network
        value_network_size(int):Number of neurons in the hidden layer specific to the value_network
    """"

```python
def __init__(self, n_actions, common_network_size=[128,64], policy_network_size=32, value_network_size=32):
    super(ActorCriticModel,self).__init__()
    logger.info("Defining tf model with layers configuration as: {},{},{}".format(comion_network_size, policy_network_size,value_network_size))
    self.action_size = n_actions
    self.common_hidden_1 = layers.Dense(common_network_size[0],activation='relu')
    self.common_hidden_2 = layers.Dense(common_network_size[1],activation='relu')
    self.policy_hidden = layers.Dense(policy_network_size, activation='relu')
    self.values_hidden = layers.Dense(value_network_size,activation='relu')
    self.policy_logits = layers.Dense(n_actions)
    self.values = layers.Dense(1)

def call(self, inputs):
    """Forward pass for the actorcritic model
    
    The call function is the wrapper on Python's __call__ magic function that is called when a class object is
        directly called without a specific method name.
    
    The Sub-Classing use this method to implement the forward pass logic.
```

```python
    """
    # Forward pass
        common = self.common_hidden_1(inputs)
        common = self.common_hidden_2(common)
        policy_network = self.policy_hidden(common)
        logits = self.policy_logits(policy_network)
        value_network = self.values_hidden(common)
        values = self.values(value_network)
        return logits,values

if __name__=="__main__":
    raise NotImplementedError("This class needs to be imported and instantiated from an A3C master/worker"
        "agent class and does not contain any invokable code in the main function")
```

12.2.3 SimpleListBasedMemory（File：experience_replay.py）

```python
""" A3C in Code - ExperienceReplayMemory

A3C Code as in the book Deep Reinforcement Learning, Chapter12.

Runtime: Python 3.6.5
DocStrings: GoogleStyle

Author: Mohit Sewak (p20150023@goa-bits-pilani.ac.in)
"""
# General Imports
import logging
import random
# Import for data structure for different types of memory
from collections import deque

# Configure logging for the project
# Create file logger, to be used for deployment
# logging.basicConfig(filename="Chapter09_BPolicy.log",
format='%(asctime)s %(message)s', filemode='w')
logging.basicConfig()
# Creating a stream logger for receiving inline logs
logger = logging.getLogger()
# Setting the logging threshold of logger to DEBUG
logger.setLevel(logging.DEBUG)

class ExperienceReplayMemory:
    """Base class for all the extended versions for the ExperienceReplayMemory class implementation
    """
    pass
```

```python
class SimpleListBasedMemory(ExperienceReplayMemory):
    """Simple Memory Implementation for A3C Workers
    """
    def __init__(self):
        self.states = []
        self.actions = []
        self.rewards = []

    def store(self, state, action, reward):
        """Stores the state, action and reward for the A3C
        """
        self.states.append(state)
        self.actions.append(action)
        self.rewards.append(reward)

    def clear(self):
        """Resets the memory
        """
        self.__init__()

class SequentialDequeMemory(ExperienceReplayMemory):
    """Extension of the ExperienceReplayMemory class with deque based Sequential Memory

        Args:
            queue_capacity (int):The maximum.capacity (in terms of the number of experience tuples) of the memory buffer.
    """
    def __init__(self, queue_capacity=2000):
        self.queue_capacity = 2000
        self.memory = deque(maxlen=self.queue_capacity)

    def add_to_memory(self, experience_tuple):
        """Add an experience tuple to the memory buffer

        Args:
            experience_tuple(tuple): A tuple of experience for training. In case of Q learning this tuple could be
            (S,A, R, S) with optional done_flag and in case of SARSA it could have an additional action element.
        """
        self.memory.append(experience_tuple)

    def get_random_batch_for_replay(self, batch_size=64):
        """Get a random mini-batch for replay from the Sequential memory buffer
```

```python
    Args:
        batch_size (int): The size of the batch required
    Returns:
        list: list of the required number of experience tuples
    """
    return random.sample(self.memory,batch_size)

def get_memory_size(self):
    """Get the size of the occupied buffer
    Returns:
        int: The number of the experience tuples already in memory
    """
    return len(self.memory)

if __name__ =="__main__":
    raise NotImplementedError("This class needs to be imported and instantiated from a Reinforcement Learning "
    "agent class and does not contain any invokable code in the main function")
```

12.2.4　自定义异常（rl_exceptions.py）

```
""" A3C in Code -Custom RL Exceptions
A3C Code as in the book Deep Reinforcement Learning, Chapter12.
Runtime: Python 3.6.5
DocStrings: None
Author: Mohit Sewak(p20150023@goa-bits-pilani.ac.in)
"""
class PolicyDoesNotExistException(Exception):
    pass
class InsufficientPolicyParameters(Exception):
    pass
```

12.3　训练统计图

各全局 epoch 未折现奖励和各全局 epoch 的折现收益与损失，如图 12.3 和图 12.4 所示。

第 12 章 A3C 的代码:编写异步优势演员－评论家代码

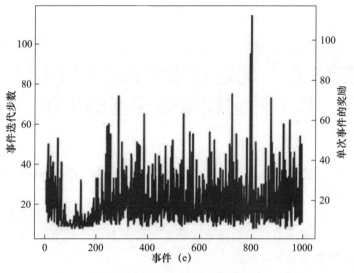

图 12.3 各全局 epoch 未折现奖励

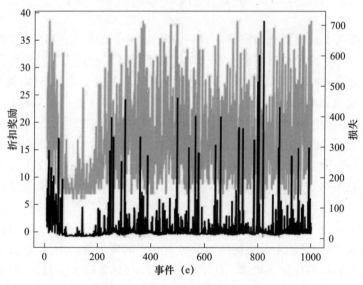

图 12.4 各全局 epoch 的折现收益与损失

第 13 章　确定性策略梯度和 DDPG：基于确定性策略梯度的方法

摘要　本章将介绍确定性策略梯度(Deterministic Policy-Gradient, DPG)算法,并涵盖支持其数学基础的确定性策略梯度定理。我们还将介绍深度确定性策略梯度(DDPG)算法,该算法是 DQN 和 DPG 的结合,将深度学习技术应用于 DPG 算法中。本章将引领我们探索一种更加实用和现代的方法,用于增强连续行动控制的强化学习智能体。

13.1　确定性策略梯度(DPG)

在前面关于策略优化和演员-评论家模型的章节中,我们介绍的算法通常属于强化学习中的随机策略梯度方法。事实上,到目前为止,我们所研究的两种策略优化方法,即强化学习及其变体和演员-评论家模型及其变体,都属于"同轨策略""随机策略梯度"强化学习方法家族。这些算法是同轨策略的,即行为策略内置于模型的动作策略中,并且该策略还可以满足探索要求。此外,这些模型的动作策略是随机的。与"价值评估"算法(如典型的 Q 学习算法)中的确定性行动策略不同,后者仅为当前状态提供单个(最佳)行动的建议作为策略的输出,而"同轨策略""随机策略梯度"模型可以在给定状态下提供所有可能行动的行动概率函数作为输出。在这种随机的基于当前策略的算法中,行动的选取可以直接基于从每个动作的输出概率集合中进行概率抽样。因此,这内在的具有探索的功能,因为即使不是最优的行动也有非零的概率被选中,这取决于模型针对此类动作的标准化输出概率。Q 学习的估计/目标策略是随机的,但是其行动策略是确定性的。

在基于随机策略梯度的算法中,我们还有一些采用"离轨策略"机制的算法,被称为"离轨策略的策略梯度"算法。在行动策略本身是随机的情况下,内含在行动策略中的探索机制往往足以满足探索需要。但在更复杂的问题中,这些模型内含的探索能力可能不足,此时可以采用外部行动策略来保证最优的探索。从训练数据的角度来看,在离轨策略的(随机)策略梯度算法中,我们不需要完整的事件序列轨迹来进行训练,可以随机地使用过去的事件进行训练。此外，由于这些算法属于离轨策略算法家族，因此它们具有专门的外部行为策略，所以探索可以比其在同轨策略上的对应算法更好。有时，在同轨策略随机策略梯度算法中添加额外的噪声，可以实现比离轨策略更好的"探索"效果，并且噪声也能防止在训练过程中因为"探索"不充分导致训练过程的更新陷入局部最优而停滞的情况发生。

在基于随机梯度的方法中，我们主要使用性能函数（J）的梯度，通过沿着该梯度的方向最大化性能函数（J）。我们还讨论了计算这个随机梯度的数学难解性。在（随机）策略梯度定理中，提出了一些基于极限条件的简化方法，从而缓解了这种难题。直到不久前，人们认为在使用模型时不可能得到确定性梯度，而在策略梯度方法下，只有基于随机梯度的策略才是可行的。但最近在确定性策略梯度的领域中有了一些好的研究成果，这些方法又被称为确定性策略梯度算法，其数学推导和处理方式与随机策略梯度有所不同。确定性策略梯度定理提供了所需的简化，使得可以实现该方法的可行算法。

尽管确定性策略梯度法具有不同的方法和数学推导，但可以证明确定性策略梯度本身是随机策略梯度的一种极限情况。这也是合理的，因为在结果概率分布函数仅对可允许的行动空间中的一个行动具有非零概率的条件下，确定性策略是随机策略的一种极限条件。对于策略梯度而言，当底层策略的方差变为 0 时，可以将确定性策略梯度看作随机策略梯度的极限情况。

本章讨论的确定性策略梯度算法都基于演员-评论家模型，并有同轨策略和离轨策略两种变体。由于这些算法中的行动策略本质上是确定性的，所以这些模型的同轨策略形式变体并不提供足够的探索机会，因此必须在策略实现中添加外部变化/噪声以允许更大的探索。因此，在同轨策略确定性策略梯度模型的类别中并没有太多流行的模型或其变体，而大多数有前途的变体来自离轨策略确定性策略梯度方法。这一事实也从图 13.1 中这些算法类别的方框大小中得以体现。

13.1.1　确定性策略梯度相对于随机策略梯度的优势

确定性策略梯度相比随机策略梯度是一个较新的发展，最近才发表。我们已经讨论过，无论从输出还是从数学证明的角度来看，确定性策略梯度都可以被视为随机策略梯度的一个极限情况。确定性策略梯度算法不像随机策略梯度算法那样为给定状态下所有可行动作提供完整的行动概率函数，而只建议一个单一的行动。我们在策略梯度方法一章中通过适当的例子讨论了这种确定性输出形式在某些条件下可能不理想，也不适用于某些应用。那么问题是，为什么最近这么多的努力投入确定性策略梯度算法中，与随机策略梯度算法相比它们带来了什么优势。我们将尝试在下面理解其中一些原因。

第一个原因是简单性。确定性策略梯度遵循一个简单的无模型形式，实际

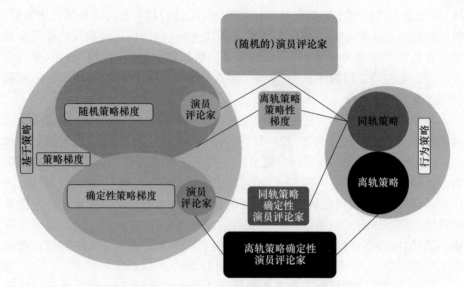

图 13.1　基于策略的方法的层次结构

上是行动价值(Q)函数的预期梯度。请记住,性能函数的梯度是很难找到的。同时也请记住,在价值估计方法的情况下,我们已经容易地推导出了行动价值函数的梯度。

第二个原因是效率。效率的提高有两个原因。一个是由于其简单性本身,这是前一个原因的副产品。作为行动-价值(Q)函数的期望梯度,确定性策略梯度比通常的随机策略梯度更容易估计。另一个原因是算法的输出是确定性的,因此不需要在所有状态-行动组合上积分策略梯度,而只需要在所有状态上积分。这大大减少了计算复杂度。这种效率转化为性能,可以证明由于这些因素,确定性策略梯度在具有高维行动空间问题中的表现明显优于其随机策略梯度的对应算法。

第三个原因是在某些情况下,随机策略梯度不可行,但确定性策略梯度仍然适用。在机器人领域尤其是一些应用场景下,提供了可微的控制策略,但没有注入噪声的功能。正如我们之前讨论的,特别是在基于当前策略的设置中,随机策略梯度需要注入噪声才能在复杂问题上进行最佳探索。在这些情况下,离轨策略确定性策略梯度可能是在策略梯度下最佳的算法选择。

13.1.2　确定性策略梯度定理

确定性策略梯度定理在某些数学条件下提供了一种特定的简化方法,用于寻找确定性策略梯度。确定性策略可以表示为式(13.1a)。在这里,μ 是一个由 θ 参数化的策略,它将状态集 S 中的状态映射到行动集 A 中的动作:

第13章 确定性策略梯度和 DDPG：基于确定性策略梯度的方法

$$\mu_\theta : S \to A \tag{13.1a}$$

状态转移概率和折扣状态分布可以表示为式(13.1b)和式(13.1c)：

$$p(s \to s', t, \mu) \tag{13.1b}$$

$$\rho_\mu(s) \tag{13.1c}$$

在这些符号的基础上，确定性策略 μ 下的性能价值（J）可以表示为式(13.2)所示的策略下所有折扣奖励的期望值：

$$J(\mu_\theta) = E[r_1^\gamma \mid \mu] \tag{13.2}$$

根据上述符号表示法，给定确定性策略 μ 下的性能值（J）可以表示为式(13.2)中的策略下折扣奖励的期望值。将性能值展开，可以得到式(13.3a)，它实际上意味着，期望累计折扣奖励（如式(13.2)中所示）是给定策略下到达特定状态的概率和在给定参数下加上所有可能的状态的积累的奖励的加权乘积。将性能值表示为期望值的形式，可以得到式(13.3b)：

$$J(\mu_\theta) = \int_s \rho_\mu(s) r(s, \mu_\theta(s)) \mathrm{d}s \tag{13.3a}$$

$$J(\mu_\theta) = E_{s \sim \rho_\mu}[r(s, \mu_\theta(s))] \tag{13.3b}$$

确定性策略梯度第一定理阐述，如果满足定理一条件，并且确定性策略梯度存在，则性能值函数的梯度可表示为式(13.4a)。式(13.4a)的形式与式(13.3a)相同，均为积分形式，而式(13.3b)为期望形式。

$$\Delta_\theta \mu_\theta(s), \Delta_\alpha Q_\mu(s, a) \quad （定理1 条件）$$

$$\Delta_\theta J(\mu_\theta) = \int_s \rho_\mu(s) \Delta_\theta \mu_\theta(s) \Delta_\alpha Q_\mu(s, a; \theta) \mid_{a = \mu_\theta(s)} \mathrm{d}s \tag{13.4a}$$

$$\Delta_\theta J(\mu_\theta) = E_{s \sim \rho_\mu}[\Delta_\theta \mu_\theta(s) \Delta_\alpha Q_\mu(s, a; \theta) \mid_{a = \mu_\theta(s)}] \tag{13.4b}$$

确定性策略梯度第一定理说明，在一定的极限条件下，当随机策略梯度的方差趋近于0时，随机策略梯度等价于确定性策略梯度。

13.1.3 离轨策略的确定性策略梯度演员-评论家模型

在离轨策略的确定性策略梯度算法中，行为策略使用外部策略。即，使用策略 $\pi(s,a)$ 来绘制轨迹，以训练确定性行动策略 $\mu_\theta(s)$。需要注意的是，由于 μ 是确定性策略，因此它只需要一个状态作为输入即可提供单个行动建议，同时 μ 的参数化是基于参数向量 θ 的。目标策略 $\mu_\theta(s)$ 下的真实行动价值函数可以表示为 $Q_\mu(s,a)$。与随机演员-评论家的情况类似，由于该真实行动价值是不可微分的，我们将使用一个近似函数来近似该行动价值。行动值是基于策略 w 进行参数化的，因此 $Q_\mu(s,a) \approx Q_w(s,a)$。

其余的计算与随机确定性策略相似，不同之处在于确定性策略的梯度是行动价值函数的梯度。我们计算目标值与实际值之间的误差，如式(13.5)所示，这与Q学习中的计算方式不同。

$$\delta_t = r_t + \gamma Q_w(s_{t+1}, \mu_\theta(s_t, a_t)) - Q_w(s_t) \qquad (13.5)$$

然后,我们使用此误差更新目标策略参数 w,通过沿着时间步长 t 处目标函数 Q_w 的梯度方向移动,使用学习率 α_w,如式(13.6)所示。

$$w_{t+1} = w_t + \alpha_w \delta_t \Delta_w Q_w(s_t, a_t) \qquad (13.6)$$

然后,我们更新确定性行动策略参数 θ。这使用了与我们在随机策略梯度参数更新中使用的链规则类似的方法。确定性行动策略相对于策略参数的偏微分是目标函数相对于行动的偏微分与行动策略相对于其参数的偏微分之积。因此,可以沿着这个梯度的方向使用学习率 α_θ 来更新行动策略参数 θ,如式(13.7)所示。

$$\theta_{t+1} = \theta_t + \alpha_\theta \Delta_\theta \mu_\theta(s_t) \Delta_\alpha Q_w(s_t, a_t)|_{a = \mu_\theta(s)} \qquad (13.7)$$

13.2 深度确定性策略梯度(DDPG)

前一节中介绍的确定性策略梯度使用Q学习进行价值估计,然后使用线性模型作为函数逼近器。虽然在原始DQN论文中进行的实验只使用线性函数逼近器,但可以用深度学习模型代替这个线性函数逼近器。这就是深度确定性策略梯度出现的地方。

深度确定性策略梯度(Deep Deterministic Policy Gradient,DDPG)是一种基于确定性策略梯度定理的无模型、离轨策略、演员-评论家的算法,可以用于连续行动空间。从本质上讲,DDPG的目标是结合DPG的演员-评论家模型实现连续行动控制,并实现DQN进行策略估计和策略更新。DDPG论文("深度强化学习的连续控制"论文,如参考文献部分)声称,该算法在超过20个具有连续行动控制要求的任务上始终优于DPG算法,并且与深度Q网络(算法)相比,训练离散行动问题所需要的数据更少。所有这20个不同的任务都是在没有重新训练或重新配置网络的情况下执行的。也就是说,在使网络从一个任务切换到另一个任务之前,网络配置及其权重是不变的。读者可能还记得,在讨论"通用人工智能"的话题时,我们讨论了人类大脑在任何情况下如何记住/知道多种技能,并且不必完全忘记一项技能来学习另一项技能。因此,这些类型的性能可以被认为使我们更接近于实现用于连续行动域,以及具有非常大行动空间的动作域的通用人工智能的思想。

理想情况下,我们可以简单地用深度学习神经网络取代DPG中使用的线性函数逼近器。例如,在感知域输入或卷积神经网络(CNN)的情况下,我们可以直接用基于多层感知器的深度神经网络(MLP-DNN)代替线性逼近器,对于需要处理视频输入的情况,可以使用串联了全连接层的卷积神经网络,这两个模型都以Soft-Max激活层(用于离散行动控制)或线性激活层(用于连续行动控制)结束。但是,

第 13 章 确定性策略梯度和 DDPG：基于确定性策略梯度的方法

正如我们已经意识到的，由于在 DQN 章节中的讨论，这在强化学习训练的情况下是行不通的。在 DQN 一章中，我们学习了一些改进手段来支持基于深度学习的逼近器。在 DDPG 的情况下，其中一些改进是按原样使用的，而另一些则经过修改，以更好地适应使用演员－评论家的实现。除了我们在 DQN 中讨论过的以外，DDPG 还使用了深度学习领域的一些最新进展。这些修改将在下一小节中讨论。

13.2.1 DDPG 中深度学习实现的相关修改

与最初提出的基于线性逼近函数的确定性策略梯度（DPG）相比，深度确定性策略梯度（DDPG）基本上采用了 3 种修改，以获得类似深度学习的基于函数逼近器的 DQN。

首先，大多数在无模型假设下工作的强化学习训练方法都假设训练样本是独立的（样本不相关）且同分布的（样本对底层过程中不同的独特现象有平等的表示）。正如我们在 DQN 章节中所讨论的，当输入观察来自游戏（如 Atari 2600 游戏）的连续视频帧时，就严重违背了这一假设。我们讨论了从"存储缓冲区"（固定大小的内存缓存）中使用"经验回放"来克服这一问题的方法。输入帧作为经验元组存储在这些"存储缓冲区"中，即 $(s_t, a_t, r_t, s_{t+1}, <done>)$ 的元组。在这种机制中，状态可以是图像像素的直接帧，也可以是与其他相关数据连接起来表示观察状态的视频帧的一些相关抽象。随后，训练在从这个缓冲区随机抽取的（经验）样本中进行，或者按照抽样策（有一些噪声）进行。我们还讨论了这种机制的一些高级变体，即不同类型的优先经验回放/缓冲。DDPG 算法使用前一章中讨论过的这种存储缓冲区的基本变体。

其次，我们在 DQN 一章中了解到，如果我们有一个不断更新的（行动价值函数近似）网络（在线网络），也被用作计算误差的目标网络（它本身也在在线网络的更新中），那么这将使网络更新非常不稳定。在关于 DQN 的章节中，我们学习了克服这个问题的两种方法。一种方法是遵循双 DQN 算法，即有两个不同的 Q 网络，一个作为（离线）目标网络，因此应该相对稳定，另一个是不断更新（在线）网络。目标网络在经过一些定义的步骤后从活动在线网络复制权重，以避免完全不同步导致目标估计的不相关性。另一种解决方案甚至更高级，它拥有一个共享的深度学习架构，因此在神经网络模型中有一些公用层，然后将卷积层之后的深度学习层架构拆分为两个不同模型的专用全连接层，一个计算状态价值，另一个计算优势。这两个分割的输出随后结合起来，得到行动价值 Q 函数近似值。使用相对稳定的第二个目标网络的第一种方法是我们在 DDPG 案例中得到的灵感。但是由于我们需要使用演员－评论家来实现它，正如我们在前两章中所了解到的，这需要更多的价值估计的在线设置，我们将需要采用一种方法来为这个相对稳定（离线）的目标网络实现在线实现机制。为了在 DDPG 中实现这一点,我们使用了一种称为"软更新"的机制。在使用软更新时,我们确实有一个离线的目标网络。相反,目标网络也不断更新,他们试图持续跟踪活跃的(在线的)行动价值网络,尽管速度很慢。"软更新"是通过更新目标网络参数来完成的,类似于式(13.8)中所示的指数级数的情况。

$$\theta_{t+1} = \tau\theta_t + (1-\tau)\theta_{t+1} \tag{13.8}$$

在上式中,τ 在$(0,1)$范围内为常数,使得$\tau \ll 1$。

为了理解第三个改进,让我们注意一下这一改进的成果。正如我们前面讨论的,DDPG 声称在 20 种不同类型的连续行动任务上表现良好,而不需要对网络进行任何重新配置或重新训练权重。实现类似成就的挑战也是深度学习的努力之一。为了理解为什么这很难实现,让我们举一个我们在前一章中使用过的例子。在这个例子中,智能体试图学习不同的游戏,每个游戏都有自己的评分标准和分数标准,因此智能体很难比较一个游戏与另一个游戏的奖励,从而同时学习所有这些游戏所需的技能。为了解决这个问题,所有这些游戏的奖励都被缩放到±1 的范围。但这只解决了奖励端的问题,在深度学习模型和架构的情况下,还有更多的问题需要解决。深度学习模型在处理来自多个分布的输入时出现的一个这样的问题被称为"协变量转移(Covariate Shifts)"。大多数现代深度学习激活函数都是非线性的,而且大多数也不是零对称镜像函数。这导致深度学习网络中每一层之间特征的底层分布发生变化,直到非线性饱和,从而使训练深度网络变得非常困难。这种现象被称为"内部(Internal)协变量转移"。传统上,这是通过采用非常低的学习率或不快速增加的学习率来处理的(在基于自适应学习率的优化器的情况下),并通过仔细地为每一层选择初始化函数/值。不用说,这样的方法不仅会大大降低训练速度,而且还需要专家小心地设置初始化值。大约在同一年,DDPG 研究了一种"批标准化"的方法。批标准化意味着对小批次中的所有样本,在任何一层输入的每个维度上,执行标准化(具有单位均值和方差)。批标准化作为网络架构的一部分存在(在网络架构中,除了常规的 CNN 和 DNN 层之外,还有额外的批标准化层)。除了内部协变量转移以外,批标准化也(在一定程度上)解决了过拟合问题,并且可以与深度学习中的 dropout 机制互相补足,提供类似的正则化效果。DDPG 作为第三个增强,在其深度学习架构中使用了额外的批标准化,以克服内部协变量转移的问题。

最后,在行为策略中使用噪声函数来确保最优的探索,这虽然不是一个主要的改进,但与常规 DPG 实现略有不同。基于策略梯度的非策略机制的行为策略如式(13.9)所示。

$$\mu_b(s_t) = \mu_a(s_t \mid \theta_t) + N \tag{13.9}$$

在式(13.9)中,$\mu_b(s_t)$是行为策略对状态 s 在 t 时刻的行动建议,包含行动策略 μ_a 建议行动的结果,以及来自噪声 N 的一些噪声,其中对于状态 s 与时刻

第13章 确定性策略梯度和DDPG：基于确定性策略梯度的方法

t，μ_a 可以通过时刻 t 的参数向量 $\boldsymbol{\theta}$ 参数化表示。

添加的噪声 N 是行为策略的重要组成部分,有助于提供探索效果。当 N 趋于 0 时,行为策略将只进行开发,而不进行探索。上述表达式对于大多数离轨策略的策略梯度方法(甚至是 DPG)都是常见的。DPG 和 DDPG 之间的区别在于噪声函数的选择。N 应根据环境和基本的训练要求来选择。正如我们前面讨论过的,环境越不确定、越复杂,对近似函数模型的要求越高,就越需要探索,因此噪声函数产生的附加噪声也就越大。我们还讨论过,随着训练的进行,我们可能需要减少探索,以确保快速收敛,而不损失初始探索。只有当我们有一个自适应的探索率,在开始时鼓励更多的探索,随后允许探索作为时间(步长)或估计函数的错误率或其他合适变量的函数逐渐减少时,才能做到这一点。DDPG 算法使用一个噪声函数,在训练过程中提供不同程度的噪声。在具有惯性的物理控制问题中,使用噪声函数产生与时间相关的探索效率。

13.2.2 DDPG 算法伪代码

图 13.2 给出 DDPG 算法及其改进以实现深度学习函数逼近器的算法伪代码。

算法 1　DDPG 算法
随机初始化判别网络 $Q(s,a\mid\theta^Q)$ 和演员 $\mu(s\mid\theta^\mu)$ 的权重 θ^Q 以及 θ^μ
初始化目标网络 Q' 和 μ' 的权重 $\theta^{Q'}\leftarrow\theta^Q$，$\theta^{\mu'}\leftarrow\theta^\mu$
初始化回放缓冲区 R
for episode = 1, m **do**
　　初始化一个随机过程 N 用于行动探索
　　接收初始观测状态 s_1
　　for t = 1, T **do**
　　　　根据当前策略和探索中的噪声选择动作 $a_t=\mu(s_t\mid\theta^\mu)+N_t$
　　　　执行动作 a_t 并观测奖励 r_t 和新状态 s_{t+1}
　　　　在 R 中存储状态转换对 (s_i,a_i,r_i,s_{i+1})
　　　　从 R 中随机采样包含 N 组状态转换对 (s_i,a_i,r_i,s_{i+1}) 的小批次样本
　　　　令 $y_i=r_i+\gamma Q'(s_{i+1},\mu'(s_{i+1}\mid\theta^{\mu'})\mid\theta^{Q'})$
　　　　通过最小化损失 $L=\dfrac{1}{N}\sum_i(y_i-Q(s_i,a_i\mid\theta^Q))^2$ 更新判别网络
　　　　根据采样策略梯度更新行为策略
$$\nabla_{\theta^\mu}J\approx\frac{1}{N}\sum_i\nabla_a Q(s,a\mid\theta^Q)\mid_{s=s_i,a=\mu(s_i)}\nabla_{\theta^\mu}\mu(s\mid\theta^\mu)\mid_{s_i}$$
　　　　更新目标网络
$$\theta^{Q'}\leftarrow\tau\theta^Q+(1-\tau)\theta^{Q'}$$
$$\theta^{\mu'}\leftarrow\tau\theta^\mu+(1-\tau)\theta^{\mu'}$$
　　end for
end for

图 13.2　DDPG 算法(来源 DDPG 论文)

13.3　小结

许多领域本质上要求对智能体的有效和高效实现进行连续动作控制。虽然通过在动作控制范围内仔细选择断点的数量和位置,可以将连续动作控制问题分解为离散动作控制问题,但这种方法不仅不适用于所有领域,而且往往会导致极高的计算负荷。随着大量传感器和/或图像作为输入的激增,智能体可能不得不使用它们采取行动,特别是连续的行动,DDPG 和 DPG 等算法以及底层的确定性策略 – 梯度定理提供了一种有效的现代方法来构建和训练这类智能体。

确定性策略梯度先前被假定为不存在于无模型假设中。但最近,它不仅被建立起来,而且有趣的是,它比随机模型更易于计算和实现。由于潜在的简单性,与随机策略梯度相比,它都能被有效地计算,而且很多时候是唯一可行的选择。确定性梯度第一定理提供了适用于随机策略梯度的(随机)策略梯度定理所需的数学简化,第二定理表明,在基础行动策略的方差趋向于零的极限条件下,确定性梯度实际上是随机梯度的一个极限情况。

深度确定性策略 – 梯度(DDPG)算法提供了必要的修改,将 DPG 中使用的线性函数逼近器替换为基于深度学习的逼近器。由于直接用深度学习模型替换线性逼近器可能会使其不稳定,因此 DDPG 从 DQN 中获得线索,并提供某些必要的改进,如使用经验回放,对目标网络进行软更新,并在网络架构中加入批标准化。这使得 DDPG 在所有这些任务中可以使用相同的网络配置和权重,在超过 20 个需要连续行动控制的不同任务中表现良好。

第14章 DDPG 的代码：使用高级封装的库编写 DDPG 的代码

摘要 在本章中，我们将编写深度确定性策略梯度算法的代码，并将其应用于连续行动控制任务，如在 Gym 的 Mountain Car continuous 环境中。我们使用 Keras-RL 对其进行简单有效的实现。

14.1 用于强化学习的高级封装的库

到目前为止，在本书中，我们一直在一个低级编码平台上编写大多数算法。首先，我们从纯 Python 和基于 numpy 的实现开始，然后我们使用 TensorFlow 及 Keras。这些都不是专门用于强化学习的库，而是可用于任何程序、数学计算或任何深度学习操作的通用平台。在本章中，我们将稍微变换一种方式。我们将使用专用于强化学习的高级封装。我们使用 Keras-RL（链接见第7章的参考资料）库，已经在第7章前面的实现资源中介绍过。并鼓励读者进一步探索高级强化学习库，利用其编写代码、开展实验。

在本章中，我们使用了一个特殊用途的强化学习库，而不是直接在像 TensorFlow 这样的低级平台上编码，原因有很多。首先，到目前为止只介绍了第7章中的实现资源，但还没有将其用于编码。其次，在现实生活场景中，关键的挑战通常是将您的实际应用领域转换为强化学习场景，为了帮助这个过程，您将需要一个快速的原型机制来测试不同的智能体，因此我们希望让我们的读者体验一下。再次，到目前为止，我们一直使用低级编程方法，因为它有助于直观地理解概念，也与我们在上一章中介绍的理论、数学和研究进展有关。但是从编码难度的角度来看，DDPG 与 Actor-Critic 非常相似，因此我们不想重复一个低级的实现，而是想利用这个机会演示一些更实用的方法。最后，它使代码非常简洁（与第12章中 A3C 的代码相比，这段代码的长度很明了），允许我们专注于应用程序。

14.2 Mountain Car Continuous(Gym)环境

在本章中,我们针对连续动作控制任务实现了深度确定性策略梯度算法。因为这是本书中第一次使用连续动作控制,所以我们不能再使用我们的自定义"Grid World"或 Gym 的"Cart Pole"环境,因为这两个环境都呈现了谨慎的动作控制场景。因此,我们使用了 Gym 的"山地汽车连续"环境,挑战是驾驶一辆汽车上陡峭的山坡,让它碰到一面旗帜。

这辆车没有强大的发动机来实现从静止位置爬上陡峭的山坡顶端。为了让挑战更加有趣,我们需要让车辆先爬上反方向的山坡,利用下坡产生的冲量来爬上前方的山顶。这一过程中涉及的连续动作控制便是车辆的油门。加速与制动通过值的正负来表示,发动机动力的大小通过值的绝对量值来表示。到达目标获得的奖励是 +100,惩罚则是从起始到达目标过程中所有动作的平方和。

14.3 项目结构和依赖关系

我们使用与本书前面相同的"DRL"Python 3.6.5 环境。除了像 Gym、NumPy 和 Keras 这样的通用依赖以外,我们还需要"keras - rl"(图 14.1)库,该库可以从"pip"包管理器("pip install keras - rl")安装。keras - rl 本身依赖于 Keras。

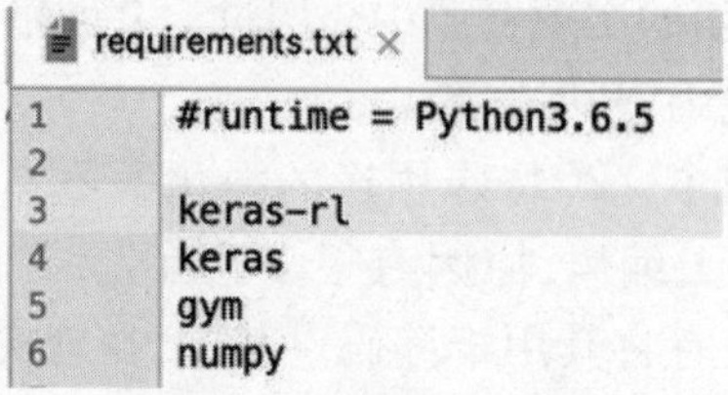

```
requirements.txt ×
1   #runtime = Python3.6.5
2
3   keras-rl
4   keras
5   gym
6   numpy
```

图 14.1 项目依赖关系

由于这是一个非常简单且高度抽象的实现,因此大部分细节都隐藏在"keras-rl"库本身之下,我们在一个名为 ddpg_continuous_action.py 的文件中实现了相当简洁的代码。该文件包含 DDPG,其中有一些方法可以使用 TensorFlow 的 Keras 为演员和评论家制作非常模块化的深度学习模型。演员在一个线性激活层中结束,其神经元数量与动作数量相同,而评论家只有一个线性激活神经元来输出基线值。演员和评论家中隐藏层的数量,以及每个隐藏层中的神经元数量,可以根据测试的智能体使用不同的配置进行定制。其余的代码非常简单,直接调用封装的底层 DDPG 实现。项目结构如图 14.2 所示。

train 函数被调用时,会查看演员、评论家和智能体模型是否存在,否则它会为每个模型创建一个新的实例。如果它们存在,则该方法尝试定位任何现有的模型权重以从那里恢复训练,否则开始新的训练。在训练和测试过程中,通过保持可视化标志为 True,将弹出一个智能体实际播放环境的窗口。

图 14.2　DDPG 项目的项目结构

14.4　代码(文件:ddpg_continout_action.py)

```
"""DDPG HighLevel implementation in Code

DDPG Code as in the book Deep Reinforcement Learning, Chapter13.

Runtime: Python 3.6.5
Dependencies: keras,keras-rl, gym
DocStrings: GoogleStyle

Author: Mohit Sewak (p20150023@goa-bits-pilani.ac.in)
Inspired from: DDPG example implementation on Keras-RL github reposito-
ry (keras-rl/keras-rl/blob/master/examples)
"""
# make general imports
import numpy as np
import os, logging
# Make keras specific imports
from keras.models import Sequential, Model
from keras.layers import Dense, Activation, Flatten, Input, Concatenate
from keras.optimizers import Adam
# Make reinforcement learning specific imports
import gym
from rl.agents import DDPGAgent
from rl.memory import SequentialMemory
from rl.random import OrnsteinUhlenbeckProcess
```

```python
# Configuring logging and setting logger to stream logs at DEBUG level
logging.basicConfig()
logger = logging.getLogger()
logger.setLevel(logging.DEBUG)

class DDPG:
    """Deep Deterministic Policy Gradient Class

    This is an implementation of DDPG for continuous control tasks made using the high level keras-rl library.
    Args:
            env_name (str): Name of the gym environment
            weights_dir (str): Dir for storing model weights (for both actors and critic as separate files)
            actor_layers (list(int)):A list of int representing neurons in each subsequent the hidden layer in actor
            critic_layers(list(int)): A list of int representing neurons in each subsequent the hidden layer in actor
            n_episodes(int):Maximum training eprisodes
            visualize (bool): Whether a popup window with the environment view is required
    """
    def __init__(self,env_name = 'MountainCarContinuous-v0', weights_dir = "model_weights",
            actor_layers = [64,64,32], critic_layers = [128,128,64], n_episodes=200, visualize=True):
        self.env_name=env_name
        self.env = gym.make(env_name)
        np.random.seed(123)
        self.env.seed(123)
        self.actor_layers = actor_layers
        self.critic_layers = critic_layers
        self.n_episodes = n_episodes
        self.visualize=visualize
        self.n_actions = self.env.action_space.shape[0]
        self.n_states = self.env.observation_space.shape
        self.weights_file = os.path.join(weights_dir,'ddpg_{}_weights.h5f'.format(self.env_name))
        self.actor = None
        self.critic = None
        self.agent = None
        self.action_input = None

    def _make_actor(self):
```

```python
        """Internal helper function to create an actor custom model
        """
        self.actor = Sequential()
        self.actor.add(Flatten(input_shape=(1,) + self.n_states))
        for size in self.actor_layers:
            self.actor.add(Dense(size,activation='relu'))
        self.actor.add(Dense(self.n_actions,activation='linear'))
        self.actor.summary()

    def _make_critic(self):
        """Internal helper function to create an actor custom model
        """
        action_input = Input(shape=(self.n_actions,), name='action_input')
        observation_input = Input(shape=(1,) + self.n_states, name='observation_input')
        flattened_observation = Flatten()(observation_input)
        input_layer = Concatenate()([action_input, flattened_observation])
        hidden_layers = Dense(self.critic_layers[0], activation='relu')(input_layer)
        for size in self.critic_layers[1:]:
            hidden_layers = Dense(size, activation='relu')(hidden_layers)
        output_layer = Dense(1, activation='linear')(hidden_layers)
        self.critic = Model(inputs=[action_input, observation_input], outputs=output_layer)
        self.critic.summary()
        self.action_input = action_input

    def _make_agent(self):
        """Internal helper function to create an actor-critic custom agent model
        """
        if self.actor is None:
            self._make_actor()
        if self.critic is None:
            self._make_critic()
        memory = SequentialMemory(limit=100000, window_length=1)
        random_process = OrnsteinUhlenbeckProcess(size=self.n_actions,theta=.15, mu=0., sigma=.3)
```

```python
        self.agent = DDPGAgent(nb_actions=self.n_actions,
actor=self.actor, critic=self.critic, critic_action_input=self.action_input, memory=memory,
                nb_steps_warmup_critic=100, nb_steps_warmup_actor=100,
                random_process=random_process, gamma=.99, target_model_update=1e-3)
        self.agent.compile(Adam(lr=.001,clipnorm=1.), metrics=['mae'])

    def _load_or_make_agent(self):
        """Internal helper function to load an agent model,
creates a new if no model weights exists
        """
        if self.agent is None:
            self._make_agent()
        if os.path.exists(self.weights_file):
            logger.info("Found existing weights for the model for this environment. Loading...")
            self.agent.load_weights(self.weights_file)

    def train(self):
        """Train the DDPG agent
        """
        self._load_or_make_agent()
        self.agent.fit(self.env, nb_steps=50000, visualize=self.visualize, verbose=1, nb_max_episode_steps=self.n_episodes)
        self.agent.save_weights(self.weights_file, overwrite=True)

    def test(self,nb_episodes=5):
        """Test the DDPG agent
        """
        logger.info("Testing the agents with {} episodes...".format(nb_episodes))
        self.agent.test(self.env, nb_episodes=nb_episodes, visualize=self.visualize,nb_max_episode_steps=200)

if __name__=="__main__":
    """Main function for testing the A3C Master code's implementation
    """
    agent = DDPG()
    agent.train()
    agent.test()
```

14.5 智能体使用"MountainCarContinous-v0"环境

DDPG 使用连续山地车环境如图 14.3 所示。

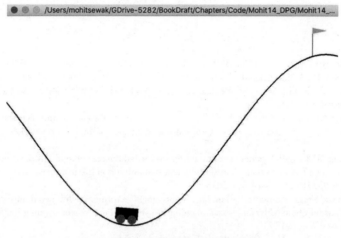

图 14.3　DDPG 使用连续山地车环境

参考文献

1. Sutton, R.S., Barto, A.G.: Introduction to Reinforcement Learning. MIT Press (1998)
2. Bellman, R.: A Markovian decision process. Indiana Univ. Math. J.6(4), 679–684 (1957)
3. Markov Decision Process, wikipedia.org. https://en.wikipedia.org/wiki/Markov_decision_process. Accessed Aug 2018
4. Markov Chain, wikipedia.org. https://en.wikipedia.org/wiki/Markov_chain. Accessed Aug 2018
5. Markov Property, wikipedia.org. https://en.wikipedia.org/wiki/Markov_property. Accessed Aug 2018
6. Solving MDPs with dynamic programming, towardsdatascience.com. https://towardsdatascience.com/reinforcement-learning-demystified-solving-mdps-with-dynamic-programming-b52c8093c919. Accessed Aug 2018
7. Dynamic Programming in Python for reinforcement learning, medium.com. https://medium.com/harder choices/dynamic-programming-in-python-reinforcement-learning-bb288d95288f. Accessed Aug 2018
8. Understanding RL—The Bellman Equation, joshgreaves.com. https://joshgreaves.com/reinforcement-learning/understanding-rl-the-bellman-equations/. Accessed Aug 2018
9. Reinforcement Learning in Finance, Coursera. https://coursera.org/lecture/reinforcement-learning-in-finance. Accessed Aug 2018
10. Deep Reinforcement Learning Demystified, medium.com. https://medium.com/@m.alzantot/deep-reinforcement-learning-demysitifed-episode-2-policy-iteration-value-iteration-and-q-978f9e89ddaa. Accessed Aug 2018
11. Brockman, G., Cheung, V., Pettersson, L., Schneider, J., Schulman, J., Tang, J., Zaremba, W.: Open AI Gym (2016). https://arxiv.org/abs/1606.01540
12. Docs—Open AI Gym. https://gym.openai.com/docs/. Accessed Aug 2018
13. Keras-RL, GitHub Repository Keras-RL. https://github.com/keras-rl. Accessed Aug 2018
14. Shani, G.: A Survey of Model-Based and Model-Free Methods for Resolving Perceptual Aliasing. Ben-Gurion University (2004)
15. Temporal Difference Learning, Wikipedia. https://en.wikipedia.org/wiki/Temporal_difference_learning. Accessed Aug 2018
16. Sutton, R.: Learning to predict by the methods of temporal differences. Mach. Learn. 3(1), 9–44 (1988)
17. Eligibility Traces, incompleteideas.net. http://www.incompleteideas.net/book/ebook/node72.html. Accessed Aug 2018
18. SARSA, Wikipedia. https://en.wikipedia.org/wiki/State%E2%80%93action%E2%80%93reward%E2%80%93state%E2%80%93action. Accessed Aug 2018

19. Diving deep into reinforcement learning, freecodecamp.org. https://medium.freecodecamp.org/diving-deeper-into-reinforcement-learning-with-q-learning-c18d0db58efe. Accessed Aug 2018
20. Tokic, M.: Adaptive epsilon-greedy exploration in reinforcement learning based on value differences. In: KI 2010: Advances in Artificial Intelligence, pp.203–210. Springer, Berlin (2010)
21. Imaddabbura, Bandit Algorithms, github.io. https://imaddabbura.github.io/blog/data%20science/2018/03/31/epsilon-Greedy-Algorithm.html. Accessed Aug 2018
22. Sewak, M., Rezaul Karim, Md., Pujari, P.: Practical Convolutional Neural Networks: Implement Advanced Deep Learning Models Using Python. Packt Publishing (2018). ISBN: 1788392302, 9781788392303.
23. Sewak, M., Sahay, S.K., Rathore, H.: An overview of deep learning architecture of deep neural networks and autoencoders. In: International Conference on Intelligent Computing, 25–27 Oct 2018. Amrita University, Proceedings in Journal of Computational and Theoretical Nanoscience (2018)
24. Sewak, M., Sahay, S.K., Rathore, H.: Comparison of deep learning and the classical machine learning algorithm for the malware detection. In: 19th IEEE/ACIS International Conference on Software Engineering, Artificial Intelligence, Networking and Parallel/Distributed Computing, SNPD (2018)
25. Sewak, M., Sahay, S.K., Rathore, H.: An investigation of a deep learning-based malware detection system. In: Proceedings of the 13th International Conference on Availability, Reliability and Security, ARES 2018, pp.26:1–26:5 (2018)
26. "OpenAI Universe", GitHub Repository. https://github.com/openai/universe
27. "OpenAI Retro", GitHub Repository. https://github.com/openai/retro
28. Brockman, G., Cheung, V., Pettersson, L., Schneider, J., Schulman, J., Tang, J., Zaremba, W.: Openai gym (2016)
29. "DeepMind Lab". https://deepmind.com/blog/open-sourcing-deepmind-lab/
30. "DeepMind Control Suite", GitHub Repository. https://github.com/deepmind/dm_control
31. Johnson, M., Hofmann, K., Hutton, T., Bignell, D.: The Malmo platform for artificial intelligence experimentation. In: Kambhampati, S. (ed.) Proceedings 25th International Joint Conference on Artificial Intelligence, pp.42–46. AAAI Press, Palo Alto, California USA (2016). https://github.com/Microsoft/malmo
32. Duan, Y., Chen, X., Houthooft, R., Schulman, J., Abbeel, P.: Benchmarking deep reinforcement learning for continuous control. In: Proceedings of the 33rd International Conference on Machine Learning (ICML) (2016)
33. "DeepMind's TRFL", GitHub Repository. https://github.com/deepmind/trfl
34. "OpenAI Baselines", GitHub Repository. https://github.com/openai/baselines
35. Plappert, M.: "Keras-RL", GitHub Repository (2016). https://keras-rl.https://github.com/keras-rl/keras-rl
36. Caspi, I., Leibovich, G., Novik, G., Endrawis, S.: Reinforcement learning coach (2017). https://doi.org/10.5281/zenodo.1134899
37. Liang, E., Liaw, R., Nishihara, R., Moritz, P., Fox, R., Goldberg, K., Gonzalez, J.E., Jordan, M.I., Stoica, I.: RLlib: abstractions for distributed reinforcement learning. In: International Conference on Machine Learning (ICML) (2018)
38. DQN, deepmind.com. https://deepmind.com/research/dqn/. Accessed Aug 2018
39. AlphaGo, deepmind.com. https://deepmind.com/research/alphago/. Accessed Aug 2018
40. Mnih, V., Kavukcuoglu, K., Silver, D., Graves, A., Antonoglou, I., Wierstra, D., Riedmiller, M.A.: Playing Atari with Deep Reinforcement Learning (2013). https://arxiv.org/abs/1312.5602
41. Mnih, V., Kavukcuoglu, K., Silver, D., Rusu, A.A., Veness, J., Bellemare, M.G., Graves, A., Riedmiller, M., Fidjeland, A.K., Ostrovski, G., Petersen, S., Beattie, C., Sadik, A., Antonoglou, I., King, H., Kumaran, D., Wierstra, D., Legg, S., Hassabis, D.: Human-level control through deep reinforcement learning. Nature 518 (2015). 10.1038/nature14236

42. Schaul, T., Quan, J., Antonoglou, I., Silver, D.: Prioritized Experience Replay (2015). https://arxiv.org/abs/1511.05952
43. Lin, L.-J.: Reinforcement learning for robots using neural networks. Carnegie Mellon University, Ph.D. Thesis Lin:1992: RLR: 168871 (1992)
44. Seno, T.: Welcome to deep reinforcement learning, towardsdatascience.com. https://towardsdatascience.com/welcome-to-deep-reinforcement-learning-part-1-dqn-c3cab4d41b6b. Accessed Aug 2018
45. Juliani, A.: Simple reinforcement learning with tensorflow, medium.com. https://medium.-com/@awjuliani/simple-reinforcement-learning-with-tensorflow-part-4-deep-q-networks-and-beyond-8438a3e2b8df. Accessed Aug 2018
46. van Hasselt, H., Guez, A., Silver, D.: Deep Reinforcement Learning with Double Q-Learning (2015). https://arxiv.org/abs/1509.06461
47. Wang, Z., de Freitas, N., Lanctot, M.: Dueling Network Architectures for Deep Reinforcement Learning (2015). https://arxiv.org/abs/1511.06581
48. Sutton, R.S., McAllester, D., Singh, S., Mansour, Y.: Policy gradient methods for reinforcement learning with function approximation. In: Proceedings of the 12th International Conference on Neural Information Processing Systems, NIPS'99, pp.1057–1063 (1999)
49. Silver, D., Lever, G., Heess, N., Degris, T., Wierstra, D., Riedmiller, M.: Deterministic policy gradient algorithms. In: Proceedings of the 31st International Conference on Machine Learning, pp. 387–395 (2014)
50. Silver, D.: Lecture 7—Policy Gradient, University College London. http://www0.cs.ucl.ac.uk/staff/d.silver/web/Teaching_files/pg.pdf. Accessed Aug 2018
51. Li, F.-F., Johnson, J., Yeung, S.: Lecture 14, CS231—Stanford. http://cs231n.stanford.edu/slides/2017/cs231n_2017_lecture14.pdf. Accessed Aug 2018
52. Williams, R.J.: A class of gradient-estimating algorithms for reinforcement learning in neural networks. In: Proceedings of the IEEE First International Conference on Neural Networks, San Diego, CA (1987)
53. Williams, R.J.: Simple statistical gradient-following algorithms for connectionist reinforce-ment learning. Mach. Learn. 8(3), 229–256 (1992)
54. Mnih, V., Badia, A.P., Mirza, M., Graves, A., Lillicrap, T.P., Harley, T., Silver, D., Kavukcuoglu, K.: Asynchronous methods for deep reinforcement learning (2016). https://arxiv.org/abs/1602.01783
55. Degris, T., Pilarski, P.M., Sutton, R.S.: Model-free reinforcement learning with continuous action in practice. In: 2012 American Control Conference (ACC), pp.2177–2182 (2012)
56. Bhatnagar, S., Sutton, R.S., Ghavamzadeh, M., Lee, M.: Natural actor-critic algorithms. Automatica 45(11), 2471–2482 (2009)
57. Sutton, R.S., Barto, A.G.: Reinforcement learning—an introduction. In: Adaptive Computation and Machine Learning. MIT Press (1998)
58. Wu, Y., Mansimov, E., Liao, S., Radford,.A., Schulman, J.: Openai baselines: Acktr a2c (2017). https://blog.openai.com/baselines-acktr-a2c
59. Konda, V.R., Tsitsiklis, J.N.: On actor-critic algorithms. SIAMJ. Control Optim. 42(4), 1143–1166 (2003)
60. Abadi, M., et al.: Model Sub-classing, TensorFlow Guide: High Level API—Keras (2019). https://www.tensorflow.org/guide/keras#model_subclassing
61. Abadi, M., et al.: Functional API, TensorFlow Guide: High Level API—Keras (2019). https://www.tensorflow.org/guide/keras#model_subclassing
62. Abadi, M., et al.: Gradient Tapes, TensorFlow Tutorial: Automatic Differentiation and Gradient Tapes (2019). https://www.tensorflow.org/tutorials/eager/automatic_differentiation
63. Abadi, M., et al.: apply_gradient(), TensorFlow API Docs: tf.train.Optimizer Class (2019). https://www.tensorflow.org/api_docs/python/tf/train/Optimizer

64. Yuan, R.: Deep reinforcement learning: playing CartPole through asynchronous advantage actor critic (A3C) with tf.keras and eager execution, Medium.com (2018). https://medium.com/tensorflow/deep-reinforcement-learning-playing-cartpole-through-asynchronous-advantage-actor-critic-a3c-7eab2eea5296
65. Daoust, M.: A3C Blog Post, GitHub repository: TensorFlow/Models/Research (2018). https://github.com/tensorflow/models/tree/master/research/a3c_blogpost
66. Silver, D., Lever, G., Heess, N., Degris, T., Wierstra, D., Riedmiller, M.: Deterministic policy gradient algorithms. In: Proceedings of the 31st International Conference on Machine Learning, Proceedings of Machine Learning Research, vol. 32, pp. 387–395, Beijing, China, 22–24 Jun 2014
67. Lillicrap, T.P., Hunt, J.J., Pritzel, A., Heess, N., Erez, T., Tassa, Y., Silver, D., Wierstra, D.: Continuous control with deep reinforcement learning (2015). https://arxiv.org/abs/1509.02971
68. Ioffe, S., Szegedy, C.: Batch normalization: accelerating deep network training by reducing internal covariate shift (2015). https://arxiv.org/abs/1502.03167
69. Weng, L.: Policy Gradient Algorithms (2018). https://lilianweng.github.io/lil-log/2018/04/08/policy-gradient-algorithms.html#off-policy-policy-gradient. Accessed Jan 2019